KB253118

IRELAND WORKING HOLIDAY

* 이 도서의 국립중앙도서관 출판시도서목록(CIP)은 e-CIP홈페이지(http://www.nl.go.kr/ecip)와
국가자료공동목록시스템(http://www.nl.go.kr/kolisnet)에서 이용하실 수 있습니다.
(CIP제어번호: CIP2014026263)

아일랜드 워킹홀리데이

기네스의 나라에서
놀고 배우고 일하며!

구영표 · 정다운 · 유태광 · 박수정 지음

은행나무

차례

들어가는 글 좌충우돌 직접 경험한 아일랜드의 모든 것 8

Part 1
Basic Ireland

아일랜드에 대한 기초정보 이해하기
아일랜드, 최고의 맥주와 음악이 있는 곳 13

4人 4色 TALK 우리는 왜 아일랜드로 향했을까 16

Part 2
Visa Visa Visa

아일랜드 비자 준비하기
아일랜드 비자 종류 알아보기 21

워킹홀리데이 비자 신청하기 23

4人 4色 TALK 아일랜드로 가는 입장권, 비자 35

Part 3
From Korea
To Ireland

한국에서 챙겨야 할 것들
항공권 예매하기 41

아일랜드로 가져갈 짐 싸기 44

초기비용 계산하기 49

초기 숙소 정하기 52

4人 4色 TALK 아일랜드로 데려다줄 날개 54

Part 4
Settle in Ireland

아일랜드 도착 후 해야 할 일들

2주 정착 초기 캘린더 61

어느 도시에 정착할까 65

휴대폰 개통하기 69

GNIB 발급하기 71

PPSN 발급하기 73

은행계좌 열기 75

보금자리 구하기 77

4人 4色 TALK 스위트홈을 찾아서 86

Part 5
Everyday Life
in Ireland

피가 되고 살이 되는 생활정보

쇼핑, 어디에서 할까 91

대중교통, 무엇을 타고 다닐까 95

한국음식, 고향의 맛이 그리울 때 98

헤어숍, 머리 어디에서 할까 103

4人 4色 TALK 아일랜드에서 잘 먹고 잘 사는 법 105

택배 찾기 108

카우치서핑 활용하기 110

자원봉사 활동하기 112

4人 4色 TALK 우정에 국경은 없다 114

Part 6
Working in Ireland

일자리 구하기의 모든 것

이제 워킹을 하자 121

어떤 일을 해야 할까 122

효율적인 구직활동을 위한 팁 129

CV, 본격적인 구직활동의 첫걸음 132

구직 지원하기, 이제는 실전이다 137

인터뷰&트라이얼, 마지막 관문 139

세금을 내야 한다 143

4人 4色 TALK 나만의 구직 노하우가 있다 146

Part 7
Things about
English

영어가 그냥 늘지는 않는다

영어실력은 책상 밖에서 자란다 153

어떤 영어를 배울 것인가 154

어디에서 배울 것인가 157

언어교환, 영어도 배우고 친구도 만들고 160

실생활에서 영어 만나기 162

4人 4色 TALK 나만의 영어공부 노하우가 있다 165

Part 8
Enjoy More
Ireland

놓쳐선 안 되는 아일랜드의 즐거움

축제는 계속된다 171

다채로운 아일랜드를 만나다 178

아일랜드를 벗어나서 194

4人 4色 TALK 다시 한 번 가고 싶은 여행지 197

Part 9
Farewell
Ireland

아일랜드 생활 마무리하기

아일랜드를 뒤로 하고 203

4人 4色 TALK 아일랜드를 꿈꾸는 당신에게 212

부록
Extra Ireland

알아두면 유용한 추가 정보들

아이리시 영어 한 토막 217

실수하면서 배우는 영어 222

알아두면 유용한 게일어 표현들 228

비에 관한 표현이 풍부한 아일랜드 230

아일랜드를 빛낸 사람들 232

집에서 쉽게 만드는 아이리시 요리 238

아일랜드의 술에 퐁당 빠져보자 241

아일랜드의 호스텔 245

아일랜드의 펍 248

라이브밴드 애창곡 253

아일랜드 생활에 유용한 앱 255

아일랜드 생활에 유용한 사이트 258

아일랜드 지도 262

Special Thanks to 266

좌충우돌 직접 경험한 아일랜드의 모든 것

"10년 넘게 공부해도 도저히 떨어지지 않는 입, 도대체 영어는 어떻게 해야 하는 걸까?"
"대학교 졸업을 앞두고 어디론가 떠나고 싶다."
"반복적인 회사생활이 지겹다. 나만을 위한 휴식이 필요해."
"내가 겪어보지 못한 더 많은 세계를 직접 보고, 느끼고 싶다."

누구나 한번쯤 느끼는 고민을 안고 아일랜드로 온 평범한 대한민국 청년 네 사람. 한국을 떠나게 된 이유도, 아일랜드를 목적지로 삼은 이유도 제각각이고, 각자 살아온 배경과 환경은 전혀 달랐지만, 낯선 땅에서 부푼 꿈을 안고 새로운 생활을 시작했다는 공통점이 우리를 금방 가깝게 만들었다. 이사를 할 때는 짐을 나눠 들고, 엄마의 손맛이 그리울 때는 함께 요리를 해먹었으며, 누군가에게 기쁜 일이 생기면 둘러앉아 기네스 잔을 기울이고, 슬픈 일이 있을 때는 어깨를 두드려주었다. 낯설고 물선 곳에서 만나 어느새 각별해진 우리는 눈이 마주칠 때마다 습관처럼 말했다.
"이렇게 넷이 인연이 닿은 건 정말 행운이야, 행운."

아일랜드에서 만난 우리에게는 특별한 공통점이 있었다. 바로 '블로그'였다. 네 명 모두 아일랜드에서 겪은 경험과 정보를 각자의 블로그에 연재하고 있었다. 블로그 콘텐츠가 직접 몸으로 부딪쳐서 얻은 생생한 것인데다가 한국에서 구할 수 있는 아일랜드에 관한 정보가 적었던 탓인지, 방문자 수는 점점 많아졌고, 우리의 취미에도 즐거운 책임감이 붙기 시작했다.

여느 때와 같이 함께 기네스 잔을 기울이던 어느 날 '각자 다른 개성을 띤 블로그를 하나로 엮으면 어떨까?' 하는 아이디어가 나왔다. 만약 한데 묶어서 공개할 수 있다면 아일랜드로 오고자 하는 이들에게 많은 도움이 될 것이라고 확신했다. 어학이나 워킹홀리데이를 목적으로 아일랜드에 오는 많은 사람들이 겪는 여러 시행착오와 어려움이 대부분 정보가 부족한 탓이기 때문이다. 우리 역시 미처 알았더라면 겪지 않았을 실수와 고생이 수두룩했으니까. 술안주로 시작한 작은 아이디어는 그렇게 점점 '책을 내자'는 생각으로 구체화되었다.

우리는 '실질적으로 도움이 되는 유용한 책'을 만들기 위해 최대한 자세하고 정확한 정보를 담고자 노력했다. 비자 준비부터 집과 일자리 구하기, 아일랜드 국내외 여행, 아일랜드에서의 생활, 타향살이의 마무리와 귀국에 이르기까지 다양한 정보를 정리했고, 개인적으로 느꼈던 생생한 후기도 덧붙였다. 모든 과정이 쉽지는 않았다. 아침 일찍 모여서 졸린 눈을 비비며 아이디어 회의를 진행하고, 정확한 정보를 위해 관공서 및 기관을 찾아가서 조사를 진행했으며, 일을 마친 뒤 해가 뜰 때까지 원고를 쓰며 며칠을 밤샘 작업에 매달리기도 했다.

이 책의 가장 대표적인 특징을 스스로 꼽자면 각자 다른 방법으로 살아온 개성 있는 네 사람의 목소리를 한 권으로 엮었다는 것이다. '아일랜드에서는 이렇게 살아라'는 해법을 제시하는 교본이 아닌, '나는 이런

게 좋고 저런 게 아쉬웠다'라는 가까운 친구들의 생생한 조언처럼 읽으면 좋겠다. 독자가 이 책을 바탕으로 아일랜드에서 자신의 꿈과 이상향을 찾을 수 있었으면 하는 바람이다.

이 자리를 빌어 이 책이 있기까지 도와 주신 많은 분들께 감사의 인사를 드리고 싶다. 우선 1년 동안 아일랜드에서 함께 웃고 울며 함께 책까지 내게 된 가족 같은 서로에게, 아이디어 회의 및 사진촬영을 도와준 다영이, 블로그에 많은 응원의 메시지를 남겨주신 이웃들, 멀리서도 힘이 되어준 한국의 친구들, 많은 피드백과 함께 편집 등 실질적으로 이 책이 출간될 수 있게끔 도와주신 은행나무 출판사, 마지막으로 한국에서도 우리를 믿고 지지해준 사랑하는 가족들에게 진심으로 감사의 말을 전한다.

아일랜드에 대한
기초정보 이해하기

최고의 맥주와 음악이 있는 곳

아일랜드는 유럽에 위치해 있고, 한국인이 적다는 이점으로 최근 많은 한국 유학생들과 워홀러들에게 인기가 급상승하고 있는 나라다. 하지만 막상 아일랜드에 대한 정보는 너무나 적다. 아일랜드에 대한 관심이 증가하는데 비해 아직까지 우리나라에 알려진 바가 별로 없기 때문이다. 아일랜드가 영국 근처에 있다는 얘기만 들었을 뿐 정확한 위치도 모르고, 아는 거라곤 영화 〈원스〉와 맥주 기네스의 나라라는 것뿐인 당신을 위해 간단하게 아일랜드에 대한 기본정보를 준비했다.

국가명: 아일랜드(Republic of Ireland)
수도: 더블린(Dublin)
인구: 약 477만 명
언어: 아일랜드어, 영어
종교: 로마가톨릭
시차: −9시간(GMT:UTC+0)
통화: 유로(€, EUR)

아일랜드는 1534년 영국의 식민지가 되어 1949년 아일랜드공화국(Republic of Ireland)으로 완전히 독립하기까지 약 400년간 영국의 지배를 받았다. 1921년 영국-아일랜드 조약을 체결할 당시 아일랜드의 32개 주 가운데 남부 26개 주만 영국으로부터 독립을 했기 때문에 아일랜드 섬의 북쪽에 위치한 북아일랜드는 현재 영국령이다. 이로 인해 영국의 정식 국호는 '그레이트브리튼과 아일랜드 연합 왕국(The United Kingdom of Great Britain and Ireland)'에서 '그레이트브리튼과 북아일랜드 연합 왕국(The United Kingdom of Great Britain and Northern Ireland)'으로 변경되었다. 이런 역사적 정황으로 인해 아직까지도 영국과 아일랜드 사이에는 앙금이 다 지워지지 않은 상태이다. 1800년 중반에는 대기근으로 500만 명이 넘는 사람들이 죽고 많은 국민들이 해외로 이주한 슬픈 역사를 가지고 있다. 700만 명 정도이던 아일랜드 인구는 이 시기를 거치며 급격히 줄어 한때는 300만 명 아래로 내려가기도 했다. 이후 아일랜드의 독립과 더불어 안정을 되찾게 되자 서서히 인구가 증가하여 현재는 450만 명에 이른다.

우리나라와 아일랜드 간의 국교는 1983년에 정식으로 성립되었으며, 그 후 1987년에 주아일랜드 한국대사관을, 1989년에 주한아일랜드대사관을 설치하였다.

아일랜드의 기후는 멕시코만류의 영향으로 일년내내 온난다습하다. 아일랜드에 있으면서 가장 적응하기 힘든 것 중 하나가 바로 날씨였다. 하루에도 몇 번씩 날씨가 바뀌기 때문에 아일랜드에서는 하루에 사계절을 모두 느낄 수 있다는 말이 있을 정도.

아일랜드는 문학과 예술이 발달한 곳이다. 세계적으로 유명한 위대한 작가들을 많이 배출했는데, 우리에게도 무척이나 친숙한 《걸리버여행기》의 작가 조나단 스위프트(Jonathan Swift)를 비롯해 노벨문학상을 받은 시인 예이츠(W. B. Yeats), 극작가 버나드 쇼(G. Bernard Shaw), 사무엘 베케트(Samuel Beckett), 제임스 조이스(James Joyce) 등 여러 작가들이 아일랜드 출신이다. 또한 영화 〈원스〉를 통해 유명해진 글렌 한사드, 세계적인 락밴드 U2, 웨스트라이프, 데미안 라이스, 더코어즈 등 많은 뮤지션들도 아일랜드가 자랑하는 보물들이다. 당신은 아일랜드를 자세히 알지 못한다고 생각했을지도 모르지만, 이처럼 알게 모르게 아일랜드의 많은 부분을 접했던 것이다.

우리는 왜 아일랜드로 향했을까

영표's Ireland　　　워킹홀리데이를 떠날 곳으로 아일랜드를 정하게 된 가장 큰 이유는 차별성이었다. 2010년 워킹홀리데이 협정이 체결되어 이제 갓 관심을 받기 시작한 아일랜드는 내가 지원하기 전까지만 해도 인원이 미달될 정도로 사람들의 지원이 적은 곳이었다. 아직 발굴되지 않은 미지의 개척지라는 느낌이 도전정신과 모험에 대한 욕구를 자극했다. 또한 지리적 이점 때문에 유럽여행이 용이하다는 점도 매력적이었다. 워킹이 가능한 영어권 유럽국가로 영국이 대표적이긴 하지만, 영국의 높은 물가에 비해 비교적 물가가 저렴하다는 점에서 아일랜드 쪽이 더 끌렸다. 마지막으로 개인적인 이유지만, 당시 나는 영어와 스페인어 공부를 병행하고 있었기 때문에 아일랜드에 남미권과 스페인 학생 비율이 높다는 정보가 나의 마음을 잡아끌었다. 영어권 나라에서 영어를 공부하며 스페인어 감각도 놓치지 않을 수 있다면 그야말로 금상첨화일 테니까. 이런 여러 가지 이유들을 종합해볼 때 내가 아일랜드를 선택한 건 필연이 아니었을까?

다운's Ireland　　　나는 학생이 아닌 회사원이었다. 사무실에서 일하던 갑갑한 일상 속에서 어딘가 훌쩍 떠나고 싶어졌는데, 마침 아일랜드가 학생비자로 원하는 날짜에 아무 비자 준비 없이 떠날 수 있는 유일한 나라였다. 게다가 유학원을 통해 '아일랜드는 다소 따분하고 지루해서 공부하기는 좋은 나라'라는 말을 들었다. 결코 매력적인 평가는 아니었지만, 업무 스트레스가 극에 달해있던 나의 귀에는 그 말이 꽤 달콤하게 들렸다. 당장 어딘가에 몸을 던지고 싶었던 나는 그렇게 아일랜드행 비행기에 무작정 몸을 실었다. '더 나이 먹기 전에!'라는 생각이 무모하기까지 한 결정을 하는데 한몫했다.

부끄럽지만 아일랜드로 가겠노라 결정하기 전까지 그 나라에 관한 배경지식이 사실상 아무것도 없었다. 영어를 쓰는 유럽권 국가라는 것과 영화 〈원스〉의 나라라는 것 정도. 무식하면 용감하다는 말이 사실이었다. 설렘 반 걱정 반으로 도착한 더블린은 실제로 와보니 그렇게 따분하지만은 않은 도시였다. 최소한 날씨는 절대 따분하지 않더라.

태광's Ireland　　워킹홀리데이가 가능한 영어권 국가. 이 조건을 충족시키는 나라는 생각보다 그리 많지 않다. 호주, 네덜란드, 캐나다가 대표적이며, 세 나라 모두 매년 수많은 학생들이 가는 곳으로 유명하다. 인기가 많고 유명한 만큼 이미 많은 정보와 잘 구축된 한국인의 인프라를 자랑하고 있다. 정보가 풍부한 나라에 가면 그만큼 적응하기는 쉽겠지만, 청개구리 같은 면이 있는 내 모험심을 자극하기에는 부족한 면도 있었다. 그와 달리 아일랜드는 아직 우리나라에 잘 알려지지 않은 베일에 싸인 곳이었고, 그런 이미지와 걸맞게 매일 비가 내리는 구름 낀 회색빛의 아일랜드 날씨는 신선한 호기심을 자극했다.

유럽여행을 하는 데 용이한 지리적 장점은 나를 아일랜드로 오게 만든 결정적인 요소였다. 미지의 매력에 끌려 도착한 아일랜드. 실제로 와보니 더블린은 정적인 매력과 신선한 매력을 동시에 가진 곳이었고, 나는 곧 이 도시가 좋아졌다.

수정's Ireland　　애초의 목적지는 캐나다였다. 그러나 3천 명 선착순에서 보기 좋게 떨어지는 바람에 모든 계획이 물거품이 되고 말았다. 나는 낙심하는 대신 이왕 이렇게 된 김에 여행하기 좋은 유럽으로 가야겠다고 결심했다. 그래서 영국과 아일랜드 두 나라를 놓고 고민하게 됐는데, 이상하게 아일랜드 쪽으로 자꾸 마음이 끌렸다. 사실 오래 전부터 아일랜드에 대한 환상을 가지고 있었는데, 예전에 영화 〈P.S. I love you〉를 본 것이 큰 이유였을 것이다. 영화 속 두 주인공이 처음으로 만나는 장면이 아일랜드의 위클로우국립공원을 배경으로 펼쳐졌는데, 그 장면이 너무나 아름다운 나머지 아직도 내 머릿속에 강렬하게 남아있었다. 게다가 영화 속 섹시하고 로맨틱한 남자주인공은 아일랜드 남자에 대한 얼토당토않은 환상을 가지게 만들었다. (그런데 알고보니 그 역을 맡았던 제랄드 버틀러는 영국 출신 배우였다.)

사실 술을 좋아하는 나로서는 기네스 이야기를 빼놓을 수가 없다. 기네스의 본고장이 바로 아일랜드니까. 기네스의 나라에서 직접 그 맛을 보고 싶은 욕구가 날 자극했는데, 지금 되짚어보면 '기네스' 하나만으로도 아일랜드에 올 이유는 충분한 듯하다. 그리고 날 만족시키기에도 충분하다. 아일랜드 기네스의 맛을 무척이나 사랑하게 됐으니까.

Part 2
Visa Visa Visa

아일랜드
비자 준비하기

종류 알아보기

아일랜드 비자는 크게 관광비자, 학생비자, 워킹홀리데이비자 등으로 구분할 수 있다. 각각의 비자마다 취업 가능 여부, 주당 근무시간 등에 차이가 있으므로 살펴보고 자신의 목적에 맞는 비자를 취득하면 된다.

관광비자

현재 아일랜드는 무비자로 3개월간 체류가 가능하기 때문에 3개월 이내로 아일랜드에 체류하고자 한다면 따로 비자를 준비하지 않아도 된다. 아일랜드에 도착해 관광비자로 입국을 하면 끝. 참고로 관광비자로 입국한 뒤에 아일랜드 현지에서 학생비자로 바꾸는 것은 불가능하기 때문에 혹시라도 관광비자로 입국했다가 학생비자로 변환하고자 한다면 일단 출국을 했다가 재입국을 해야 한다.

학생비자

아일랜드는 다른 영어권 국가들에 비해 학생비자를 받기가 매우 쉽다. 이런저런 서류들을 대사관에 제출해야 하는 다른 국가들과 달리 아일랜드는 현지 어학원이나 국내 유학원을 통해 학원을 등록하기만 하면 비자 준비가 끝난다. 게다가 6개월간 학원을 등록하면 학원을 다니는 6개월을 포함해 8개월간 아일랜드에 체류하며 일할 수 있는 자격까지 주어지니 공부를 하면서 돈도 벌고 싶다면 아일랜드 학생비자는 그야말로 일석이조가 아닐 수 없다. 단, 학원에 다니는 동안은 주당 20시간인 파트타임으로만 일을 할 수 있다. 2015년까지는 입국 6개월 후 방학이 되면 주당 40시간 풀타임으로 근무할 수 있었으나 2015년 5월에 변경된 정책에 따라 2016년 1월 21일부터는 일을 하고자 하는 학생들은 최소 6개월의 어학연수를 이수해야 하며 정해진 기간(5월, 6월, 7월, 8월과 12월 15일부터 1월 15일까지)에만 주 40시간 풀타임 근무가 가능해졌다. 참고로 아일랜드에서 영어학원을 다니려는 학생들은 본인이 들어가려는 영어학원이 아일랜드 교육부에서 인가를 받은 곳인지 반드시 확인해야 하며, 이는 아일랜드 영어연수교육과정인증원(www.acels.ie)에서 확인할 수 있다.

워킹홀리데이비자

워킹홀리데이비자란 관광 취업비자로 1년간 관광을 주된 목적으로 아일랜드에 입국하여 여행 비용을 벌기 위한 목적으로 취업을 허용하는 비자이다.(시간제 또는 Casual Work만 가능 / Work Permit 이 필요한 정규직 및 Permanent job은 제외) 현재 아일랜드 워킹홀리데이는 일 년에 두 번 상반기, 하반기로 200명씩 모집을 하고 있으며, 신청자는 매해 늘어나 경쟁률이 높아지는 추세이다.

아일랜드로 떠나려는 목적이 정해졌고, 자신에게 맞는 비자 종류가 무엇인지 생각해보았다면, 이제 비자를 준비해야 할 차례다.

워킹홀리데이

비자 신청하기

아일랜드 워킹홀리데이비자의 경우 기존에는 상반기에 400명을 모집하고 미달 시에 하반기에 모집을 실시해서 결원을 충원하는 방식으로 실시되었으나, 2013년부터 양상이 달라졌다.

년도	공고일	접수기간	합격자 발표	경쟁률	추가서류 제출	출국가능일
2010년 상반기	3월 9일	3월 17일~ 5월 14일	6월 4일	미달	6월 4일~ 6월 15일	6월 14일
2010년 하반기	8월 2일	8월 30일~ 9월 10일	9월 16일	조기마감	9월 27일~ 10월 1일	10월 4일
2011년 상반기 1	1월 12일	2월 14일~ 2월 25일	3월 21일	미달	3월 28일~ 4월 1일	4월 11일
2011년 상반기 2	4월 12일	5월 11일~ 5월 25일	6월 14일	미달	6월 20일~ 6월 24일	6월 27일
2011년 하반기	10월 10일	10월 24일~ 11월 4일	12월 9일	미달	12월 12일~ 12월 19일	12월 19일
2012년 상반기	2월 23일	3월 19일~ 3월 30일	6월 7일	미달	6월 11일 ~ 6월 22일	6월 22일
2012년 하반기	9월 19일	10월 22일~ 11월 2일	12월 7일	조기마감	12월 17일~ 12월 28일	12월 28일
2013년 상반기	3월 7일	4월 16일~ 5월 25일	6월 7일	조기마감	6월 17일~ 6월 21일	6월 24일

2013년 하반기	미실시	미실시	미실시	미실시	미실시	미실시
2014년 상반기	1월 14일	2월 17일~ 2월 21일	4월 23일	조기마감	4월 24일~ 5월 9일	5월 9일
2014년 하반기	8월 28일	9월 29일~ 10월 3일	11월 12일	조기마감	11월 24일~ 11월28일	11월 28일
2015년 상반기	1월 6일	2월 2일~ 2월 4일	3월 3일	조기마감	3월 6일~ 3월 13일	3월 17일
2015년 하반기	8월 21일	9월 21일~ 9월 25일	11월 4일	조기마감	11월 16일~ 11월 20일	11월 20일

2013년 상반기 모집이 조기 마감된 이후 하반기는 모집을 하지 않았고, 2014년부터는 상반기 200명, 하반기 200명으로 변경되었다. 더욱이 영국 및 캐나다 워킹홀리데이 공고보다 접수 시기도 앞당겨지면서 아일랜드 워킹홀리데이비자의 경쟁률은 점점 더 높아지는 추세다.

1차 구비서류 준비

아일랜드 워킹홀리데이 모집 공고를 확인했다면, 본격적으로 1차 구비서류를 준비해야 한다. 유학원의 대행서비스를 받을 수도 있지만, 혼자서 준비하는 것도 그렇게 어렵진 않으니 한번 시도해보는 것을 추천한다.

❶ 신청서 작성

우선 신청서 양식을 주한아일랜드 대사관 홈페이지에서 다운로드하자 (http://web.dfa.ie/home). 신청서를 작성할 때 주의해야 할 점

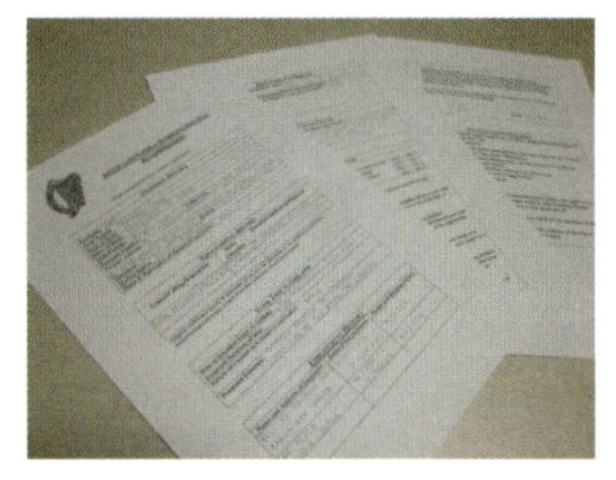

은 모든 내용을 영어대문자로 작성해야 한다는 것과 마지막에 친필서명이 들어가야 한다는 것이다. 다음 예시를 참고하여 신청서를 작성해보자.

<table>
<tr><td colspan="2">PERSONAL DETAILS 신상정보</td></tr>
<tr><td colspan="2">Surname : PARK 성</td></tr>
<tr><td colspan="2">First Names : SUJUNG 이름</td></tr>
<tr><td colspan="2">Date of Birth : 26/JUL/1991 생일</td></tr>
<tr><td colspan="2">Place of Birth : SEOUL IN KOREA 출생지</td></tr>
<tr><td colspan="2">Male/Female : FEMALE 성별</td></tr>
<tr><td>Passport Number : M12345678 여권번호</td><td>Valid Until : 01/JAN/2030 유효기간</td></tr>
<tr><td colspan="2">Present Address : 322, SOWOL-RO, YONGSAN-GU, SEOUL, KOREA 현재 거주지 주소</td></tr>
<tr><td>Telephone : 81-10-1234-5678 연락처</td><td>E-mail : IRELANDWH@IRELANDWH.COM 이메일</td></tr>
<tr><td colspan="2">Marital Status : 기혼일 경우 MARRIED 미혼일 경우 NEVER MARRIED</td></tr>
<tr><td colspan="2">Name&Nationality of Spouse(if applicable) : 기혼일 경우 배우자의 이름과 국적 기입, 미혼일 경우 NONE 없음</td></tr>
</table>

먼저 신청자의 신상정보에 대해 기입한다. 거주지의 경우 우체국 홈페이지(http://www.epost.go.kr/search/zipcode/search5.jsp)에서 자신의 주소를 검색하면 영문주소를 확인할 수 있다.

EDUCATIONAL RECORD 학력		
School/College/University 학교명	Dates Attended 재학 기간	Results/Certificates/Diplomas 학위/학적 상태
IRELANDWH UNIVERSITY	01/MAR/10~25/DEC/13	ATTENDING

학력을 적는 항목이다. 가장 최근 학력부터 내림차순으로 정리한다. 고등학교를 기입하면 동사무소나 해당학교에서 영문 졸업증명서를 받아 제출해야 하는 번거로움이 있으므로 생략해도 무관하다. 본인의 대학교 명을 기입한 후 재학/휴학/졸업증명서를 첨부하면 된다. 추가적으로, 재적상태가 휴학이면 'TEMPORARY ABSENCE', 재학이면 'ATTENDING', 졸업이면 'GRADUATE'라고 적으면 된다. 혹 자퇴한 경우라면 'WITHDRAWAL', 퇴학은 'EXPULSION'이라고 기입한다.

YOUR TRIP TO IRELAND 아일랜드 입국 일정
Date of Intended Entry to Ireland : 01/JUN/15 아일랜드 입국 예정일
Poposed Duration of Stay : 1 YEAR 아일랜드 체류 예정 기간
Details of Contact in Ireland(if applicable) : 아일랜드 연락처. 없다면 NONE
Proposed Itierary : TO WORK IN CORK FOR 6 MONTHS AND IN DUBLIN FOR 6 MONTHS 아일랜드에서의 여행 일정 및 계획

EMPLOYMENT HISTORY 근무 경력		
Name and Address of Employer 근무지명과 주소	**Dates of Employment** 근무 기간	**Duties and Responsibilities** 업무 내용
IRELANDWH BAR, SEOUL, KOREA	01/JA/10~01/DEC/10	SERVING FOOD

EMPLOYMENT IN IRELAND 아일랜드에서의 취업
What employment do you intend to seek? : WAITRESS 희망 직종
Have you sought advice on the availability of such employment? : YES 희망 직종 취업과 관련해 조언을 구한 적이 있는지
Details of any employment arranged for your stay in Ireland : 아일랜드 내에서의 취업이 예정되어 있다면 그 일자리의 세부사항. 없다면 NONE

아일랜드에서 머무는 일정, 직장경력 및 아일랜드 내에서의 취업에 대한 부분은 형식적으로 작성하는 내용이므로 크게 중요하지는 않다.

지금까지 해외여행을 다녔던 기간과 국가 명, 방문 목적을 기입해야 한다. 해당 사항과 관련해 여권의 모든 면을 복사해서 내기 때문에 대충 작성해서는 안 된다. 해외여행을 많이 다닌 사람이라면 상당히 귀찮은 항목이 될 수 있다.

'DECLATION'의 모든 사항에 'No'라고 체크하고, 마지막으로 서명 및 날짜를 작성하면 신청서 작성이 끝난다.

비자 신청 수수료는 유로 환율에 따라 변경되기 때문에 매번 금액이
조금씩 달라진다. 하지만 2015년 하반기를 비롯하여 평균 금액은 8만
4천 원이다. 2015년 하반기부터 반드시 우편환을 동봉해야 한다. 우편
한 송금의뢰서에 송금액, 보내는 사람, 받는 사람을 작성해서 수수료
1,500원과 함께 금융 창구에 제출하면 우편환을 지급받을 수 있다.

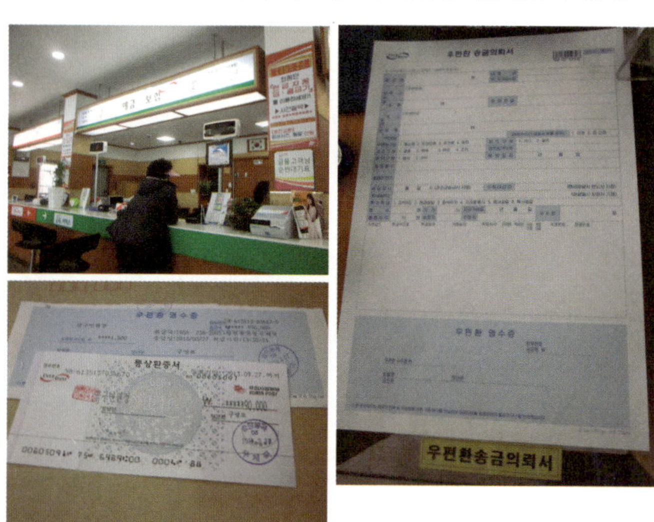

여권용 크기의 최근 사진(6개월 이내 촬영)을 준비한다. 주의할 점은 사
진 2장 각각의 뒷면에 대문자로 여권과 동일하게 이름을 표기해야 한
다는 것이다.

빈 면을 포함한 여권의 모든 페이지를 복사한다. 실제 여권은 2차 서류

때 첨부하므로 지금은 복사본만 제출하면 된다.

❺ 이력서 및 소개서

이력서 및 자기소개서를 쓰는데 있어 특별히 정해진 양식은 없다. 본인
이 편한 대로 친필 또는 워드를 사용하여 영문으로 작성하면 된다. 개
인정보와 학력, 자신의 업무 경험, 워킹홀리데이의 목적 등을 포함시켜
작성하면 훌륭하게 이력 및 소개서를 쓸 수 있다. 인터넷 등에서도 이
력서와 자기소개서 샘플을 구할 수 있으니 참고하자.

❻ 각종 증명서

학위, 시험 증서 또는 학생 증명서 등을 제출할 때는 '영문 원본, 영문
번역 공증본 또는 영문사본 원본 대조필 공증본'을 제출하라고 되어 있
는데, 간단하게 말해서 영문 원본을 준비하면 된다. 학교에 직접 찾아가
서 뽑은 증명서 이외에 인터넷에서 출력한 증명서 역시 원본으로 인정
된다는 사실도 기억할 것.

❼ 본인 명의 은행예금 잔고증명서

1,500유로 이상, 또는 이에 상당하는 한화를 보유하고 있다는 은행예

금 잔고증명서를 발급 받아야 한다. 특
별한 지정 은행은 따로 없으므로 자신
의 계좌가 있는 은행에서 발급받으면
된다. 1유로당 1,500원의 환율이라고
계산한다면, 한화로 약 2,250,000원에
해당하므로 넉넉한 금액을 넣어두고

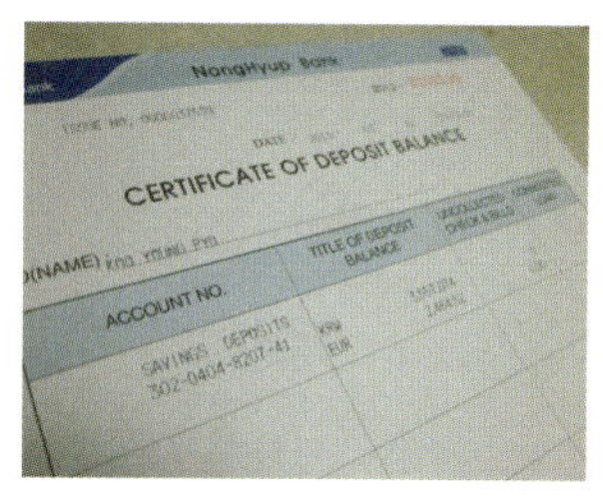

잔고 증명을 하는 것이 좋다. 당연히 증명서는 영문으로 뽑아야 하며,
유로나 달러로 표시되도록 뽑으면 된다. 잔고 증명 이후 당일은 출금이
불가능하다는 점도 알아두자.

❽ 범죄 경력증명서

범죄 경력조회서는 경찰서에서 발급받을 수 있는데, 2014년 이전까지
만 하더라도 국문으로 받은 서류를 영문 공증 과정을 거쳐야 했으나 이
제는 영문으로 발급이 가능해졌다. 또한 공인인증서 혹은 아이핀만 있
으면 경찰민원포털(https://minwon.police.go.kr/)에서 인터넷 발급도
가능하다.

❾ 우표 붙인 자기 앞 반송용 봉투

서류를 모두 구비하여 접수기간 내에 정상적으로 주한아일랜드대사관
에 접수를 했다면 접수확인서를 받게 된다. 이때 대사관 측에서 접수확
인서를 보내는 봉투가 바로 반송용 봉투이다. 따라서 반송용 봉투의 '보
내는 사람'에는 대사관의 주소를, '받는 사람'에는 신청자의 수령지 주
소를 써야 한다. 주소를 쓴 뒤 반으로 접어 다른 서류들과 함께 발송용
봉투에 넣으면 끝. 주의할 점은 넉넉한 등기우편요금으로 2,600원 이
상의 우표를 부착해야 한다는 점이다.

❿ 발송용 봉투

'보내는 사람'에는 자신의 주소를, '받는 사람' 난에는 주한아일랜드대
사관 주소를 기입하자. 준비된 모든 서류를 집어넣고 봉투를 봉하면 이
제 마지막 단계인 접수만 남았다.

서울시 종로구 종로1길 42 13층 (수송동, 이마빌딩) 110-755
주한아일랜드대사관 워킹홀리데이 프로그램 담당자

⓫ 접수방법

아일랜드 대사관 홈페이지에 게시된 '자격 조건 및 신청 절차 등에 관
한 국문 안내서'에 따르면 아일랜드 워킹홀리데이는 등기우편(특급 및
익일 포함)에 의한 선착순 방식을 원칙으로 접수가 진행되며 선발 인원
을 초과하여 지원서들이 동시에 도착하거나 선착순 방식 적용이 불가
능한 경우 무작위 추첨을 실시한다. 접수 기간 준수 확인을 위해 봉투
겉면에 우체국 접수 날짜 소인(등기번호 바코드)이 반드시 찍혀 있어야
하며 등기 우편 접수 외에 택배, 방문 또는 이메일 접수는 일체 받지 않
는다고 나와 있다. 지난 일정을 참고로 설명하자면, 2015년 하반기 접
수기간은 대사관 도착 기준으로 2015년 9월 21일(월) 오전 9시부터 우
체국 접수 날짜 기준으로 2015년 9월 25일(금)까지였다. 여기서 중요한
단어는 '대사관 도착 기준'이라는 말인데, 2015년 9월 25일 오전 9시
즈음에 서류가 도착하게 하려면 그 이전에 서류를 접수해야 한다는 뜻
이다.

9월 21일(월) 오전 9시 이전에 서류가 도착하거나 우체국 접수 날짜가
2월 25일(금) 이후면 자동탈락이 된다. 하지만 대사관은 주말에 근무를
하지 않기 때문에 9월 18일(금)에 서류를 보내면 익일인 토요일이 아

닌, 대사관이 업무를 시작하는 9월 21일(월) 오전 9시 이후에 도착하게 된다. 서류가 조기마감 될 경우 동시에 도착한 서류 중에서 무작위 추첨을 실시한다고 명시되어 있기 때문에 약간의 운도 필요하다. 2015년 1월 1일부터 우체국 시각증명이 없어졌기 때문에 예전처럼 오전 9시 딱 맞춰서 접수를 진행할 필요는 없어졌다.

2차 구비서류 준비

위의 신청서와 구비 서류 접수가 완료되면 접수확인서와 지원번호가 반송용 봉투를 이용하여 우편으로 통보된다. 접수 이후에는 신청서, 구비서류, 신청수수료의 반환은 불가능하다. 추후에 대사관 홈페이지 공고로 합격자명단이 발표된다. 다행히 1차 합격이 되었다면 이제 2차 구비서류를 준비해야 한다!

❶ 여권

여권은 1차 구비서류에서 사본으로 제출했던 것과 동일한 여권이어야 하며, 아일랜드 입국 예정일로부터 1년 이상 유효해야 한다.

❷ 왕복항공권 사본 또는 여행계획서

1차 합격이 되면 대사관에서 워킹홀리데이 승인서 발급일을 통보해준다. 따라서 그 이후 일정으로 항공권을 결제하여 해당 항공권의 사본을 첨부하거나 A4 반 페이지 정도의 간단한 여행계획서를 영문으로 작성하여 제출하면 된다.

❸ 의료보험증서 영문사본

아일랜드 워킹홀리데이비자를 받으려면 의료보험에 가입해야 한다. 아일랜드 입국일로부터 1년 동안 유효하며 해외보장이 가능한 보험으로 가입하면 된다. 이때 보상한도액에 대한 기준은 없으니 참고하도록 하자.

❹ 반송용 봉투

1차 구비서류 때와 마찬가지로 반송용 봉투를 함께 보내야 한다. 여권, 워킹홀리데이 승인서, 주의사항이 반송될 봉투로, A4 사이즈 서류봉투에 등기우편 요금(2,600원 이상)을 부착하여 준비한다.

❺ 서류 발송

주한아일랜드대사관에서 규정한 기간 내에 서류를 보내야 하며, 기간이 지날 경우 자동으로 탈락될 수 있다. 2차 추가서류 제출 순서에 따라 승인서가 순차적으로 발송되므로 가능한 빨리 보내는 편이 좋다. 기간은 대략 일주일 정도가 소요된다.

비자 승인 및 주의사항

아일랜드 워킹홀리데이비자 신청의 최종 단계로, 발송했던 여권과 워킹홀리데이 비자 승인서, 유의사항이 적힌 종이가 배송된다. 마지막으로 주의할 점은 워킹홀리데이비자 승인서에 기재된 내용이 여권상의 정보와 일치하는지 확인하는 일이다. 아무런 이상이 없다면 이제 아일랜드로 출국할 일만 남았다.

아일랜드에 입국 시 단기간 체류만 가능한 스탬프를 찍어주는데, 이후 이민국에 방문해서 GNIB(Garda National Immigration Bureau) 등록을 통해 비자 발급을 마무리하게 된다. GNIB 카드란 일단 임시비자로 아일랜드에 도착한 후 받는 정식 비자를 말한다. 3달 이상 거주하려는 외국인들이 이민국에서 발급받아야 하는 일종의 거주등록증으로, 이 과정에 대해서는 4장에서 자세히 살펴보자.

학생비자 신청하기

아일랜드 학생비자는 다른 국가의 학생비자에 비해서 발급과정이 굉장히 단순하다. 때문에 많은 학생들이 아일랜드행을 선택하고 있다. 비자 발급 과정은 다음과 같이 정리할 수 있다.

> 출국일 지정과 어학연수 학교 등록 → 숙소증빙서류 발급 → 왕복항공권 구입 → 아일랜드 입국 → 이민국에서 비자 연장

즉, 한국에서 아일랜드로 학생비자를 받아 출국하기 위해서는 어학연수 학교를 등록한 이후 받은 스쿨레터와 홈스테이/어학연수 학교에서 발급해주는 숙소증빙서류만 있으면 된다.

여행비자

아일랜드와 우리나라는 무비자협정을 맺고 있기 때문에 대한민국 여권소지자(대한민국 국민)가 아일랜드를 관광목적으로 방문하여 90일 이하의 기간 동안 체류할 경우에는 사전에 별도의 입국허가(비자)를 받을 필요가 없다. 다만 아일랜드 입국 시 발생할 수 있는 문제를 최소화하기 위하여 여행목적을 뒷받침하는 왕복항공권, 초청장 또는 출장명령서 등의 증빙자료를 항시 휴대하여야 한다. 입국(또는 체류) 목적에 해당하는 충분한 증빙자료를 제시하지 못할 경우에는 아일랜드 이민심사관의 권한으로 입국이 거절될 수도 있다.

아일랜드로 가는 입장권, 비자

영표's Visa　　나는 2013년 아일랜드 워킹홀리데이 상반기 비자를 통해서 아일랜드에 오게 되었다. 원서접수부터 발표까지 기간이 꽤 걸리고 합격한다는 보장이 없기 때문에 조금은 불안한 마음으로 준비를 해야 했다. 영어권 국가로 떠나겠다고 결심했기 때문에 혹시나 아일랜드 워킹홀리데이에 떨어진다면 차선책으로 호주로 가야겠다는 생각도 있었다. 공고가 떴을 당시 휴학한 상태였지만, 아르바이트를 하던 중이라 시간적 여유가 많지는 않았다. 하지만 접수까지 한 달이라는 기간이 있었기 때문에 천천히 하나씩 서류준비를 해나갈 수 있었다. 따로 유학원의 도움 없이 블로그나 인터넷 자료 등을 참고하며 준비했다. 요즘은 블로그나 카페 등 온라인으로 정보를 쉽게 찾아볼 수 있기 때문에 누구나 혼자서도 충분히 비자 서류 준비를 진행할 수 있을 거라고 생각한다. 다소 시간이 더 걸리고 불안할 수도 있겠지만, 따로 비용을 지불할 필요도 없고 스스로 준비하는 과정에서 만족감도 느낄 수 있다. 여권을 제외하고는 굳이 미리 서류를 준비할 필요는 없고 공고가 난 이후부터 본격적으로 준비를 시작하면 되는데, 직접 돌아다니며 준비해야 하는 서류들과 인터넷을 통해 준비할 수 있는 서류를 분류하여 일정을 계산하면 좀 더 효율적으로 진행할 수 있다. 아르바이트가 낮 시간대에 있어서 하루 이틀 쉬는 날이면 몰아서 관공서 업무를 진행했다. 나의 경우 가장 고민되었던 부분은 바로 우체국 등기접수 부분이었는데, 이 책에 정리된 내용을 정독한다면 많은 도움이 될 것이다. 모집공고가 나면서부터 1차서류, 접수확인서, 2차서류, 최종합격에 이르기까지 일련의 과정을 거치고 나서 최종적으로 아일랜드 워킹홀리데이 비자를 받았을 때의 그 기쁨은 말로 형용하기 힘들 정도다. 워킹홀리데이비자든, 학생비자든, 혹은 여행비자이든 설렘과 기대감으로 즐겁게 준비해보자.

다운's Visa   일단 무작정 유학원을 찾았다. 유학원으로 처음 향할 때까지는 무작정 해외로 나가보자는 생각만 가득했다. 유학원에서는 처음에 뉴욕을 권했는데, 비자과정에서 매우 허무하게 땡 탈락해버렸다. 대학교를 이미 졸업한데다가 여자인 것이 큰 결점이었던 것 같다. 미국 학생비자에서 떨어지자 망연자실하게 되었고, 그런 나에게 유학원은 조심스럽게 아일랜드행을 권했다. 마음만 먹으면 언제든지 갈 수 있는 학생비자였기 때문에 미국비자를 준비하면서 이리저리 탈진한 나에게는 안성맞춤이었던 셈이다. 아일랜드행으로 마음을 정한 뒤 먼저 인터넷으로 아일랜드에 존재하는 어학원 정보를 최대한 많이 수집하고 비교해보았다. 유학원과 상담을 거친 후 어학원을 정했고, 어학원에 학비를 송금한 뒤 입국용으로 필요한 스쿨레터를 받았다. 이렇게 학생비자 발급받기는 끝!

학생비자를 준비하는 사람들에게 주고 싶은 조언이 있다면 학생비자 준비과정은 매우 간단하기 때문에 사실 유학원의 도움 없이도 스스로 준비가 가능하다는 것이다. 비자 준비 과정에서 유학원이 해줄 수 있는 것은 어학원에 관한 정보 제공과 학비 송금 대행, 비행기 티켓 예매 대행 정도랄까. 중요한 사실은 유학원도 어떤 어학원이 좋은지 잘 알지 못한다는 것이다. 그들이 얻을 수 있는 정보는 어학원의 홍보 내용, 혹은 몇몇 학생들의 후기 정도이기 때문에 그 정보의 양과 폭이 한정적일 수밖에 없다. (어학원이 직접 수업을 들어보고 정보를 수집하는 것이 아니라는 것을 염두에 두자.) 따라서 최대한 많은 유학원에서 상담을 받아보는 것을 권한다. 유학원마다 가지고 있는 정보가 다르기 때문에 최대한 많은 정보를 수집해서 종합해볼 수 있다.

태광's Visa   나는 한 번도 외국에 나가본 적이 없었다. 관광학도인 내게 이 사실은 큰 부담 혹은 꼭 이루어야 할 과제로 남아있었다. 어릴 때도 나의 꿈은 외국에서 한번쯤 생활해보고 우리와는 다른 문화를 체험하는 것이었다. 늘 이렇게 생각만 두루뭉술하게 하고 있을 때 중국 교환학생에 지원하게 되었다. 하지만 별다른 준비 없이 했던 면접의 결과는 뻔했다. 그렇게 쓰디쓴 고배를 마신 뒤 어딘가로 꼭 나가야겠다는 열망이 불타오르기 시작했다. 내가 하고 싶어하는 일은 어떻게든 영어와 연결되어 있었기 때문에 영어문화권을 체험하고 조금이라도 영어를 배울 수 있는 곳을 원했다. 그리고 이런 조건에 맞는 장소를 찾아본 결과 내가 원하는 나라는 아일랜드였다. 다른 국가에 비해 경쟁률이 많이 높지도 않고, 그렇다고 다른 나라에 비해 한국인의 비율이 포화상태도 아닌 곳. 한정된 정보가 있는 아일랜드를 찾아보며 난 점점 매력에 빠졌고, 마침 하반기에 모집하기 시작한 아일랜드 워킹홀리데이에 지원하게 되었다.

서류준비가 그렇게 힘든 작업은 아니었지만, 행정업무를 담당하는 경찰서가 있는 것도 처음 알았고 영어로 작성한 내 서류를 공증해야 된다는 것도 처음 알았다. 정보는 거의 블로그 포스팅에 의존했고, 궁금한건 블로거 분들께 직접 물어보기도 하며 차근차근 준비해나갔다. 유학원에서 준비하면 상대적으로 편하긴 하지만, 좀 더 과정을 느껴보고 싶거나 시간적 여유가 충분하다면 직접 부딪쳐보는 것도 괜찮다. 실제로 해보면 그렇게 복잡하진 않다. 경찰서에서 어딜 가냐고 의심스럽게 물어보던 경찰들의 눈빛과 빨리 도착해야 된다며 동네 우체국에서 허둥지둥 우편환을 사서 등기를 부치던 기억이 엊그제 같다. 중간에 작은 도움들을 받았지만, 그래도 내가 직접 모든 걸 해냈다는 점에서 지금도 나름의 자부심을 가지고 있다.

아일랜드에 관심이 있다면 차근차근 정보를 모으며 모집공고를 기다려보자. 곧 아일랜드에서 즐거운 생활을 시작할 수 있을 것이다.

수정's Visa   2012년에 미국 오페어(AU PAIR, 외국가정에서 일정기간 동안 아이들을 돌보아주는 대가로 숙식과 급여를 받고, 자유시간에는 어학공부와 문화탐방을 병행하는 문화교류프로그램)를 준비하다가 유학원 사정으로 미국행이 취소되었다. 차선책으로 캐나다 워킹홀리데이를 가기로 결심한 나는 또다시 좋지 못한 결과가 생길까봐 걱정이 되었다. 그래서 수수료를 조금 떼더라도 유학원을 통해 워킹홀리데이비자를 준비하기로 했다. 그렇게 유학원에 20만원의 회원 등록비를 내고 정회원으로 등록한 뒤 유학원만 믿고 캐나다 워킹홀리데이 온라인접수 날 친구와 신나게 놀았다.

아무 걱정 없이 일어난 다음날 유학원에서 온 전화는 나를 엄청난 충격에 빠지게 만들었다. 올해 처음으로 캐나다대사관이 워킹홀리데이 접수를 우편접수에서 온라인접수로 접수 방식을 바꾸면서 온라인접수에 대한 경험이 없던 유학원이 원서접수에 실패했다는 것. 오로지 유학원만 믿었던 나는 이 사실에 황당하고 화가 나면서도 유학원만 믿은 스스로가 한심스러웠다. 그리고 다시 아일랜드 워킹홀리데이를 준비하면서는 웬만한 정보들은 인터넷 검색, 워킹홀리데이 블로그 등을 통해서 알아냈다. 유학원에서 아일랜드대사관과 가까운 우체국에서 바로 원서를 접수한다고 하기에 원서접수만 유학원에 맡겼다. 결국 유학원의 도움을 받고 워킹홀리데이비자를 받은 셈이지만, 돌이켜보면 굳이 유학원에 등록하지 않고 혼자 준비했어도 충분히 합격했을 거라고 생각한다. 인터넷에 검색만 하면 서류준비 방법도 자세히 나오고, 주변에 보면 혼자서 준비해서 오신 분들이 유학원을 통해 온 사람들보다 오히려 아는 것도 더 많았다.

정말 가고 싶었던 미국, 캐나다행이 좌절되고 어떻게 보면 자의보다 타의로 결정하게 된 아일랜드 워킹홀리데이. 비자를 받기까지는 결코 쉽지 않았지만, 생각해보면 나는 결국 아일랜드에 올 운명이었던 것이 아닐까?

한국에서
챙겨야 할 것들

항공권
예매하기

1차, 2차 워킹홀리데이 서류를 모두 준비했거나, 혹은 학교 등록을 마쳤다면 다음으로 착수해야 할 것은 바로 항공권 예매이다. 저렴한 가격으로 항공권을 구하고 싶다면 최대한 일찍 서둘러야 한다. 일반적으로 최소 4달 전에는 예매해야 왕복 100만 원 이내의 항공권을 손에 넣을 수 있고, 출발하기 2달 전에 예매할 경우에는 보통 150만 원 정도에 항공권을 구매할 수 있다. 워홀러인 경우 최종 합격서가 나올 때까지 기다렸다가 항공권을 예매할 수도 있지만, 예매가 늦어질수록 항공권의 가격이 오른다는 사실을 기억하자.

항공권을 예매할 때 고려할 점들은 개인에 따라 다르겠지만, 보통은 3가지만 따져보면 된다. 첫째는 가격, 둘째는 비행시간, 셋째는 경유 횟수. 비행시간이 길어지고 경유 횟수가 많아질수록 항공권 가격은 저렴해진다. 하지만 그만큼 공항에서의 오랜 대기시간과 비행시간으로 몸과 마음이 쉽게 지칠 수 있으므로 신중히 고려해봐야 한다.

김포공항이나 인천공항에서 아일랜드 더블린공항으로 가는 저가항공 노선에는 크게 3가지 노선이 있다. 그 중 첫 번째는 비행시간이 다른 노선에 비해 짧기 때문에 많은 사람들이 선호하는 유럽노선으로, 영국을 경유하는 영국항공, 네덜란드를 경유하는 KLM, 프랑스를 경유하는 에어프랑스, 독일을 경유하는 루프트한자가 여기에 포함된다. 두 번째는 스톱오버(장거리 비행 시 경유하는 도시에서 하루 이상 체류하는 것)가 가능해서 유럽노선 다음으로 인기가 많은 터키항공이다. 마지막 세 번째는 두바이를 경유하는 아랍에미레이트항공으로, 다른 노선에 비해 가격이 저렴한 대신 비행시간이 길다는 단점이 있다.

저렴한 항공권을 예매하기 위해서는 노력과 운이 따라줘야 한다. 최대한 일찍 서둘러 항공권을 구해보자. 모든 항공사 홈페이지에 일일이 들어가서 내가 출국할 날짜에 맞는 항공권을 검색하는 게 가장 정확한 방법인데, 이 과정이 귀찮다면 수수료를 조금 내고 여행사를 이용할 수도 있다. 하지만 시간적 여유가 된다면 조금만 발품을 팔어서 스스로 싼 항공권을 찾아보는 게 더 좋다. 항공사 홈페이지들을 열심히 뒤져서 마침내 싼 항공권을 발견했을 때의 그 짜릿함은 말로 설명할 수 없으니까. 특히 출국까지 시간적 여유가 충분하다면 연말, 연초에 항공사들이 내놓는 특가 항공권을 공략하자.

아일랜드로 가는 대표적인 항공노선들의 경유 횟수, 비행시간, 수하물 무게 등 기본정보를 간략하게 표로 정리했다. 가격과 소요시간, 개인 일정 등을 잘 따져서 가장 적당한 것으로 구입하자.

노선	항공사	경유 횟수/ 도시	비행시간	수하물 허용량 (위탁/기내)	가격 (tax포함)
유럽	영국항공	1회/런던	15~20시간	23kg/23kg	889,500원
	KLM	1회/암스테르담	15~20시간	23kg/12kg	867,600원
	에어프랑스	1회/파리	15~20시간	23kg/12kg	897,200원
	루프트한자	1회/프랑크푸르트	15~20시간	23kg/8kg	1,197,100원
터키	터키항공	1회/이스탄불	15~25시간	20kg/8kg	918,655원
아랍	아랍에미레 이트항공	1회/두바이	20~30시간	30kg/7kg	874,800원

(2016년 5월 인천 출발 더블린 도착 기준)

짐 싸기

비행기표부터 비자 및 워킹홀리데이 승인서까지 모든 것이 준비된 당신. 출국을 하루 이틀 앞둔 상황이라면 짐을 꼼꼼히 싸고 여러 번 체크해볼 일이 남았다. 옷이나 칫솔 같은 가장 기본적인 물품부터 개인적으로 필요한 물건까지 꼼꼼하게 잊지 말고 챙기자. 짐 싸는 방법이 막막하다면 아일랜드에 유학을 갔다 온 친구에게 자문을 구해보자. A부터 Z까지 상세하게 알려줄 친구가 주위에 없다고? 걱정마시라, 그런 당신을 위해 준비된 친절한 체크리스트가 여기 있다.

옷-변화무쌍한 아일랜드의 날씨를 기억하자

아일랜드에서 반팔 옷을 입을 일은 별로 없다. 가방 속에 민소매나 반팔 옷이 많다면 과감하게 빼버리고 긴팔 옷과 여러 겹 겹쳐 입을 수 있는 점퍼와 겉옷들을 챙기자. 쨍한 햇빛과 센 바람을 자랑하는 아일랜드 날씨에 스카프와 선글라스는 필수품이다. 바람 부는 날씨에 비에 젖은 몸으로 돌아다니는 걸 즐기는가? 그럴 자신이 없다면 방수처리된 바람막이를 무조건 챙겨야 한다. 아일랜드는 365일 비가 오는 곳, 당신의 바람막이는 365일 유용하게 쓰일 것이다.

다만 기본티셔츠나 양말 같은 옷들은 저렴한 가격으로 유명한 옷 가게 '페니스(PENNEYS)'에서 3, 4유로에 저렴하게 살 수 있으니 많이 가져오지 않아도 된다. 국내 천원숍과 비슷한 '2유로숍(2Euro)'도 있으니 자질구레한 물건들은 현지에서 사는 것이 더 간편할 수 있다.

신발-발이 편한 게 최고

무엇보다 내 발에 최적화된 가장 편한 신발을 챙기자. 예쁜 신발은 어디서든 살 수 있지만, 내 발에 꼭 맞는 편한 신발을 찾기란 쉽지 않다. 왜 편한 신발이 필요하냐고? 버스비, 택시비 등 교통비가 비싼 아일랜드에서는 대중교통을 이용하기보다 튼튼한 두 다리를 이용하는 것이 훨씬 경제적이니까.

화장품 및 미용용품-멋쟁이의 필수품

남자든 여자든 기초화장품은 필수! 잊기 쉬운 빗, 헤어드라이기도 잊지 말고 챙기자. 고데기류는 아일랜드에서도 생각보다 싸게 구할 수 있으니 참고하도록.

문구류-메모 용품은 꼭 챙길 것

작은 수첩과 펜을 가져가면 생각보다 유용하다. 최첨단 디지털식이 편하고 쿨하게 보이는 건 사실이지만, 낯선 곳에서는 아날로그식이 빛을 발휘할 때가 있다. 갑자기 중요한 것을 메모해야 하는데 핸드폰 배터리가 없다고 상상해보라. 사람 많은 길거리에서 핸드폰을 꺼냈는데 날치기를 당했다고 생각해보자. 즉각적으로 메모할 것이 많을 초기생활에 당신의 작은 수첩과 펜은 매우 유용하게 쓰일 것이다. 또 처음 아일랜드에 도착하면 PPSN, 은행계좌 관련 서류 등 잡다한 서류들이 많아지니 A4 파일을 하나 정도 챙겨놓으면 편리하다.

전자제품-부속품까지 꼼꼼히

핸드폰 충전기, 디지털카메라 충전기, 노트북 충전기 등 기본적인 전자제품들을 다 챙겼다면 아일랜드용 플러그 체인저를 사는 것도 잊지 말자. 최소 2개는 있어야 한국에서 가져온 전자제품들을 편하게 사용할 수 있다. 멀티탭은 아일랜드에서도 충분히 싸게 구할 수 있다.

각종 서류-만약을 대비해 사본도 챙길 것

워킹홀리데이 최종 확인서, 학생비자인 경우에는 스쿨레터와 숙소증빙서류, 여권(사본 3장 정도), 항공권, 보험증권, 국제면허증 등 필요한 서류들도 기억하자. 필요에 따라 1, 2장 정도 복사해서 각자 다른 가방에 넣어서 보관하면 더 좋다.

책-아일랜드 작가들을 만나보자

GNIB 발급을 포함 PPSN, 은행계좌오픈 등 모든 공공기관의 일처리가 느릿느릿한 아일랜드에서 책 한 권은 지루한 기다림을 조금이나마 달랠 수 있는 아주 중요한 물건이 될 것이다. 특히 제임스 조이스, 오스카 와일드, 버나드 쇼 등 위대한 문학가들이 많은 아일랜드를 조금 더 알고 싶다면 아일랜드 출신 작가들의 작품들을 읽어보는 것도 추천한다. 평소 문학에 별로 관심이 없는 편이라면 오스카 와일드의《도리언 그레이의 초상》이 읽기 좋고, 책을 읽으면서 아일랜드의 역사도 함께 공부하고 싶다면 제임스 조이스의 더블린 3부작인《더블린 사람들》,《율리시스》,《젊은 예술가의 초상》을 추천한다.

비상약-안 먹더라도 챙겨가자

사계절 내내 습하고 추운 아일랜드. 덕분에 아일랜드에 온 한국인들은 최소 한 번 이상 감기에 걸린다. 먼 타지에서 아픈 것보다 더 서러운 일은 없다. 아픈 몸을 스스로 추스를 수 있는 상비약을 챙기자. 종합감기약, 두통약, 지사제 등 기본적인 약들은 필수품.

기념품-한국적인 것으로 준비한다

아일랜드에서 만나는 사람들, 혹은 여행 중 만나는 사람들에게 잊지 못할 기념품을 선물하고 싶다면 가장 한국의 멋이 듬뿍 담긴 물건을 준비해보자. 예를 들어 작은 장구, 복주머니 등이 달린 열쇠고리나 한글이 적혀 있는 물건들이 외국인들에게 인기가 좋다. 어디서 뭘 사야할지 모르겠다면 일단 인사동으로 가보자.

필요했던 물건 vs. 필요 없었던 물건

많은 사람들이 묻는다. 아일랜드 갈 때 뭘 가져가면 좋을까요? 친구가 곧 아일랜드에 가는데 뭘 사줘야 할까요? 그럼 나의 대답은 옷, 속옷, 돈(물론 유로), 지갑, 신발, 소주…… 일일이 나열하려면 끝도 없다. 그래서 준비했다! 4인의 저자가 아일랜드에 가져오고 후회한 물건, 그리고 가져올 걸 하고 후회한 물건들!

❶ 쓸모없어! 가져와서 후회한 물건들

• 스테이플러 : 도대체 왜 챙겨왔는지 모르겠다. 8달간 아일랜드에 살면서 한 번도 사용한 적 없다.

• 라면 : 한국음식이 먹고 싶을 때를 대비해 매콤한 라면을 잔뜩 챙겨왔는데 아일랜드에도 라면은 판다. 심지어 가격도 한국과 비슷한 편이다.

• 국제운전면허증 : 운전도 못하면서 괜히 챙겨왔다. 있어서 나쁠 긴 없 겠지만, 글쎄, 아일랜드에서 얼마나 많은 사람들이 국제운전면허증을 사용할까?

• 휴대용랜턴 : 랜턴을 들고 다니느니 휴대폰에 플래시 어플을 까는 게 훨씬 낫다.

• 왁스 : 비가 이렇게 오는데, 헤어스타일? 필요 없다.

• 삼단우산 : 한 달 만에 부러졌다. 한편으로는 한 달이라도 쓸 수 있는 게 어딘가 싶기도 하다.

❷ 아쉬워! 안 가져와서 후회한 물건들

• 영어공부 책 : 아일랜드까지 가서 굳이 한국어로 된 영어공부 책이 필요가 있을까 생각했는데 필요 있다. 그리고 아일랜드는 책값이 너무 비싸다.

• 때밀이 수건 : 개인의 취향에 따라 다르겠지만, 나는 아일랜드에 오고 정말 때를 밀고 싶었던 때가 있었는데, 그때 때밀이 수건 한 장이 정말 간절했다. 아일랜드에 때밀이 수건 따위가 있을 리 만무하다.

• 실내화 : 집 안에서도 신발을 신는 아일랜드에서 실내화는 필수품이 다. 그런데 여기서 파는 실내화들은 별로 튼튼하지도 않고 비싸기만 하 다. 한국에서 질질 끌고 다니던 삼선 슬리퍼가 너무 그립다.

• 소주 : 아일랜드에서 소주 한 병은 무려 10유로(약 15,000원)! 애주가 라면 반드시, 그리고 애주가가 아니더라도 아일랜드에서 새로 사귄 친 구들과 한국의 술 한 잔 하고 싶은 사람이라면 챙겨가는 게 좋다.

초기비용
계산하기

아일랜드행을 준비하는 사람들이 가장 중요하게 생각하고 궁금해 하는 것이 바로 돈을 얼마나 가져가야 하는지, 즉 초기비용이 얼마나 드는지 하는 점이다. 물론 숙박을 어떻게 해결하느냐에 따라, 또 각자의 씀씀이에 따라 지출비용은 천차만별이지만, 그럼에도 꼭 써야하는 돈, 최소 생활비는 다들 비슷한 편이다. 그럼 실제로 더블린에서 생활한 저자 4인의 첫 한 달 생활비를 함께 살펴보자.

영표	다운	태광	수정
• GNIB 카드발급 • 300유로 • 단기방(2주) 110유로 • 휴대폰 기기값 50유로 • 휴대폰 탑업 20유로 • 방값 235유로 • 보증금 235유로 • 기타 생활비 200유로	• GNIB 카드발급 • 300유로 • 호스텔(5일) 72유로 • 단기방(2주) 140유로 • 휴대폰 20유로 • 방값 260유로 • 보증금 260유로 • 기타 생활비 135유로	• GNIB 카드발급 • 300유로 • 호스텔(10일) 170유로 • 방값 260유로 • 보증금 260유로 • 휴대폰 탑업 20유로 • Oxegen Festival • 입장료 50유로 • 교통비 20유로 • 기타 생활비 250유로	• GNIB 카드발급 • 300유로 • 홈스테이(2주) 340유로 • 교통비 40유로 • 휴대폰 SIM 카드 • 10유로 • 탑업 20유로 • 기타 생활비 240유로
총 1,150유로	총 1,187유로	총 1,330유로	총 950유로

아일랜드에서 각자 이용한 숙소도 다르고 생활패턴도 가지각색인 4명의 저자들. 하지만 첫 한 달간 사용한 생활비를 보면 크게 다르지 않은 것을 알 수 있다. 표만 봐서는 쉽게 와 닿지 않으니 지금부터 항목별로 자세히 살펴보자.

GNIB 카드발급 비용

학생비자든, 워킹홀리데이 비자든 아일랜드에 입국했다면 한 달 안에 GNIB 카드를 만들어야 한다. GNIB는 'Garda National Immigration Bureau'의 약자로, 쉽게 말하면 임시비자가 아닌 입국 이후에 발급받는 정식비자를 말한다고 보면 되겠다. GNIB를 발급하는데는 300유로의 수수료가 든다. 수수료를 지불할 시 현금을 내면 결제가 까다로워질 수 있으니 신용카드를 준비해 가자.

숙박비

숙박비는 초기비용을 계산할 때 가장 결정적인 요소이다. 어떤 숙박시설을 이용하느냐에 따라 초기비용도 천차만별로 달라질 수 있기 때문이다. 각 숙박시설에 대한 설명, 장단점 등은 다음 장에서 자세히 다루고 있기 때문에 여기에선 간단하게 숙박시설별 평균 하루 숙박비를 표로 정리해놓았다. 아래의 표를 참고해서 본인의 초기비용 예산에 맞는 숙박시설을 선택하자.

숙박시설	평균 가격	적정 가격
단기방	5~10유로	7유로
호스텔	15~25유로	18유로
홈스테이	25~45유로	33유로

휴대폰 요금

휴대폰 역시 어떤 통신사를 이용하느냐에 따라 가격 차이가 있지만, 대부분 한 달에 20유로의 탑업(Top Up, 선불요금제)을 사용한다.

교통비

시내 중심부인 시티센터(City Centre) 근처에 산다면 사실 교통비는 크게 걱정할 필요가 없다. 크기가 작은 아일랜드의 도시들은 버스나 택시를 타는 것보다 걸어다니는 게 훨씬 더 효율적이니까. 반면 대부분 교외에 위치한 홈스테이를 할 경우 교통비가 평균 일주일에 30유로 정도가 든다는 것을 알아두자.

생활비

생활비야말로 본인의 씀씀이에 따라 가장 차이가 많이 나는 부분이지만, 비교적 씀씀이가 적은 저자들이 첫 한 달간 사용한 생활비를 보면 대부분 200유로 안팎으로 지출한 것을 알 수 있다. 하지만 언제 무슨 일이 일어날지 모르니 생활비는 넉넉하게 하루 10유로 정도로 책정하는 게 좋다.

숙소 정하기

비자, 항공권, 초기정착금까지 모든 준비가 완료되었다면 이제 아일랜드에서 살 집을 고를 차례다. 아일랜드에서 초기 숙소를 정하는 방법은 크게 3가지로, 단기방, 호스텔, 홈스테이가 있다. 숙소마다 각자 장단점이 있기 때문에 가장 자신한테 적합한 단기 거주 형태를 고르면 된다.

단기방

단기방은 집주인이 개인적인 사정이나 여행 등으로 집을 비우는 말 그대로 단기간 동안만 집을 빌리는 주거형태이다. 보통 짧으면 일주일, 길어도 2~3달 정도만 집을 사용할 수 있기 때문에 숙박비가 비교적 저렴하다는 장점이 있다. 하지만 내 집이 아니기 때문에 짐을 완전히 풀기도 애매하고 집안 물건들도 조심히 사용해야 하는 등 이런저런 불편한 점들이 있다. 내가 원하는 적절한 날짜를 맞추기 힘들다는 단점도 있다. 단기방은 유명 아일랜드 유학생 커뮤니티인 아일랜드 유학생 모임(아유모:www.ayumu.com)에서 구할 수 있다.

호스텔

단기방 다음으로 숙박비가 싼 곳은 바로 호스텔이다. 장기방의 경우 집을 직접 보고 결정해야 하기 때문에 많은 유학생들이 호스텔에서 머물면서 장기방을 알아본다. 호스텔마다 조금씩 차이는 있지만, 대부분의 호스텔이 무료 와이파이와 조식을 제공하고 시티센터에서 걸어서 10분 ~20분 거리에 위치해 있다. 호스텔의 가장 큰 장점은 전 세계에서 온 다양한 젊은 여행객들을 만날 수 있어 외국인 친구를 사귈 수도 있다는 것. 하지만 많은 사람들이 한 방에서 같이 지내다보니 위생문제나 도난사고 등 크고 작은 문제들이 발생하기 쉽다. 또한 대부분의 호스텔이 남녀혼숙이므로, 여성의 경우 여성용 방을 제공하는 호스텔을 찾는 것을 추천한다. 호스텔을 구할 수 있는 사이트는 다양하지만 호스텔월드(www.hostelworld.com)와 호스텔닷컴(www.hostels.com) 등이 가장 대표적이다.

홈스테이

아일랜드 가정에 살면서 아일랜드 문화를 직접 경험하고 현지에 대한 생생한 정보를 얻을 수 있는 홈스테이. 낯선 더블린공항에서 픽업해주는 것부터 시작해서 아침, 점심, 저녁은 물론이고 청소, 빨래까지 해주는 등 많은 장점이 있지만, 다른 주거형태에 비해 숙박비가 매우 비싸다는 단점이 있다. 홈스테이를 구할 수 있는 사이트는 여러 군데가 있지만, 홈스테이부킹(www.homestaybooking.com)이 규모도 가장 크고 정보도 정리가 잘 되어 있어 한눈에 집과 호스트들을 비교하기 좋다.

아일랜드로 데려다줄 날개

영표's Flight　　　항공권을 구입할 때 가장 중요하게 생각했던 것은 첫째도 가격이요, 둘째도 가격이었다. 굳이 스톱오버를 해서 다른 지역을 여행할 계획도 없었고, 경유 횟수나 비행시간 등도 나에게는 그다지 중요하지 않았다. 몇 군데 해외항공권 구매사이트(orbitz, expedia, travelocity 등)를 찾아봤으나 저렴한 가격의 항공권을 찾기 힘들었고, 국제학생증을 이용해서 구입하는 키세스(KISES) 항공권은 거의 만석이었다. 결국 내가 항공권을 구입한 경로는 국내의 항공권 판매업체를 통한 스칸디나비아 항공사였다. 이때 고려했던 것은 혹시나 항공일정을 변경할 경우 수수료를 물더라도 절차가 복잡하지 않은 국내업체라는 점과 내가 주로 적립하는 항공사 마일리지에 해당하는 항공사라는 점 2가지였다.

스칸디나비아항공의 비행기는 부산 김해공항에서 출발하여 중국 북경과 덴마크 코펜하겐, 2곳을 경유하는 더블린행이었는데, 총 소요시간은 31시간으로 다소 긴 편이었다. 무료 수화물 규정도 20킬로그램 가방 1개만 가능했고, 스톱오버는 편도에 한해 1회 무료로 신청할 수 있었다. 이렇듯 조건이 까다롭고 비행 여건도 좋진 않았지만, 대신 7월 성수기 시즌에 120만원대로 항공권을 구입할 수 있었다. 우선 가장 좋았던 점은 인천공항까지 가지 않고 집에서 1시간 거리의 김해공항에서 바로 출국할 수 있었다는 점이다.

4시간 정도 머물렀던 중국 북경공항은 굉장히 넓고 볼거리도 많아서 별로 지루하지 않았고, 코펜하겐으로 향하는 스칸디나비아항공 비행기에서는 코펜하겐에서 만들어진 맥주 칼스버그를 마실 수도 있었다! 문제는 코펜하겐공항에서 일어났는데, 저녁 7시경 공항에 도착해서 다음 날 아침 9시 비행기를 타기 전까지 환승터미널에서 있어야 했던 것이다. 굳이 공항을 나설 이유를 찾지 못한 나는 편안한 소파에 자리를 잡고 공항에서 노숙을 하는 추억을 만들 수 있었다. 코펜하겐에서 더블린으로 향하는 1시간은 어떻게 갔는지 모를 정도로 금방 지나갔고, 더블린공항에서는 안내데스크의 도움을 받아 에어링크(Airlink)라고 하는 공항–더블린 시내 간 셔틀버스를 6유로에 이용하여 더블린 시티센터에 도착할 수 있었다.

다운's Flight   유학원을 통해 학생 서류를 준비하게 된 나는 항공권도 유학원의 대행을 받아 구매하게 되었다. 그렇게 결정된 항공사는 KLM, 네덜란드항공이었다. 다른 친구들처럼 꼼꼼히 알아보지 않고 유학원 추천으로 선택한 항공사지만 꽤 만족스럽게 이용할 수 있었다. 짐을 싸면서 수화물 무게가 너무 많이 나올까봐 걱정했는데, 막상 체크인 때 무게를 재보니 규정보다 한참 미달이었다. 따라서 짐을 꾸릴 시에는 마음 졸여가며 넘치게 싸거나 부족하게 싸지 말고, 미리 항공사 규정을 잘 참고한 뒤 무게를 재가며 효율적이고 계획적으로 짐을 싸도록 하자.

KLM항공 기내식은 괜찮은 편이었고, 승무원들도 꽤 친절했던 것으로 기억한다. 좌석은 통로석으로 정했다. 통로석이 화장실 사용하기에 편리하다는 정보를 어느 여행 블로그에서 봤기 때문이다. 그런데 사실 창가나 통로석이나 큰 차이가 없다고 본다. 창가에 앉은 승객이 화장실을 이용할 때마다 일어나서 비켜줘야 했기 때문에 편하게 맘 놓고 있기가 힘들었다.

내 경로는 암스테르담에서 한 번 경유한 뒤 더블린으로 가는 것이었는데, 혼자 비행기를 타 본 적이 없었던 나는 경유 과정에서 꽤 긴장했다. 암스테르담에서 내리자마자 더블린행 비행기로 갈아탈 게이트를 찾아 열심히 돌아다녔는데, 비행기가 연착했다는 소식을 듣고 충격에 빠졌다. 유학원에서 비행기 연착으로 픽업 아저씨를 한두 시간 기다리게 할 경우 돈을 많이 내야 되므로 꼭 연락을 하라고 해줬기 때문이었다. 문제는 공항에서 핸드폰 신호도 잘 안 잡히고 픽업 아저씨와 연락이 닿지 않았다는 것. 사실 지나고 보면 별 거 아닌 문제인데, 한 시간 연착 때문에 혼자 공항에서 끙끙댔던 기억이 난다.

더블린은 날씨가 매우 불안정하기 때문에 비행기 연착이 빈번히 발생한다. 그래서 픽업서비스를 받는 경우 약속에 차질 생기기 쉬운 편이다. 목적지가 시티센터와 가까운 경우 차라리 더블린버스를 이용하는 것이 저렴하고 편리하니 참고하자. 더블린버스 16번, 41번을 타면 4유로 안팎의 요금으로 40분 안에 시티로 갈 수 있다. 또 747 에어링크 버스를 타면 6유로에 20분 안에 시티에 도착할 수 있으므로 편하게 이동하는 것을 선호한다면 이것도 좋은 교통수단이다. 야간에 도착했더라도 에어코치(Aircoach) 버스를 이용할 수 있으므로 크게 걱정하지 말자. 요금은 7유로 정도이고, 20분 안에 시티에 도착할 수 있다.

마지막으로 항공권과 관련해서 가장 중요한 것! 내가 구매한 티켓이 왕복권인지 편도권인지 꼭 확인하도록 하자. 매우 기본적인 부분인 만큼 꼭 확인해 보아야 할 중요한 부분이다. 실제로 입국심사장에서 매우 곤혹스러운 상황을 겪고 있는 친구를 보았는데, 유학원에서 딱히 언급 없이 왕복티켓이 아닌 편도티켓을 끊어준 탓이었다. 유학원을 통해 아일랜드행 준비를 하더라도 기본적인 것은 스스로 꼼꼼히 챙겨볼 것을 추천한다.

태광's Flight　　　내가 이용한 항공사는 아랍에미레이트의 항공사인 에티하드항공이었다. 사실 내가 항공권을 구입할 때 중요하게 생각했던 건 출국 날짜와 항공권 가격이었다. 나는 편도로 티켓을 2매 구매했는데, 국제학생증을 이용하여 키세스 투어에서 구입했다. 마침 성수기 전에 출발해서 비행편은 있었지만, 미리 상담원에게 알아보지 않았다면 좀 더 비싼 값에 구매했을 것이다. 걸리는 시간, 경유지, 가격 등 모든 것을 종합적으로 비교해보고 에티하드항공을 선택했다. 학생항공권은 주로 새벽이 많았지만, 해외로 처음 나가는 내게 이런 건 별로 문제가 되지 않았다. 경유지에서 여행을 하고 싶다면 항공사에 스톱오버 일정을 문의할 수도 있다. 편도로 구매하고 일정을 변경하는 대신 나는 환불을 했다. 물론 똑같은 가격이었고, 애초에 입국심사 때문에 항공편을 산 것이라서 오히려 귀국일정을 조율하는데 여유로웠다.

7월 초순 마침내 비행기에 올랐고 두바이를 경유하여 22시간 정도 비행했다. 생긴 지 얼마 안 된 덕분에 깔끔한 서비스와 무서운 성장속도로 유명한 에티하드항공은 모든 직원이 친절했고, 기내식에서 한국음식도 종종 발견할 수 있었다. 한국영화는 그다지 찾아보기 힘들었지만, 처음 타보는 해외행 비행기에 마냥 신이 났었다. 에티 하드의 수화물 규격은 30킬로그램으로 넉넉한 편이고 가방의 개수는 상관이 없었 다. 두바이에서 환승할 때 터미널을 잘못 알아서 잠깐 헤매기도 했지만, 직원들한테 물어보면 금방 찾을 수 있다.

별다른 해프닝 없이 더블린에 무사히 도착했고, 공항에서 에어코치 버스를 타고 오 코넬스트리트에서 내렸다. 에티하드항공은 나에게 불편함 없는 안락한 비행이었다. 혹 다음에도 해외에 나갈 기회가 생긴다면 다시 이용할 마음이 있다. 비자승인서를 받아서 이제 막 비행편을 알아보려고 한다면 최대한 빨리, 그리고 최대한 많은 사이 트를 뒤져보자. 자신에게 꼭 맞는 비행편을 찾을 수 있을 것이다.

수정's Flight　　　내가 이용한 항공사는 독일항공인 루프트한자였다. 한국인 승무원 도 있고 기내식으로 나오는 한국음식이 맛있다는 말에 가격이 비슷한 여러 개의 항 공사 중 루프트한자를 선택했다. 비행기를 타기 위해 인천공항에 도착하면서 가장 걱정했던 것은 캐리어의 무게였다. 나의 경우는 화물용 캐리어도, 기내용 캐리어도 둘 다 무게를 재지 않아서 속으로 혹시 무게가 오버되면 어쩌나 꽤 걱정했다. 하지 만 고민한 게 무색하게도 별 문제없이 비행기에 탑승할 수 있었다.

장시간의 비행은 자고 또 자도 계속 졸릴 정도로 몸을 피곤하게 만들었지만, 그래도 볼 수 있는 영화도 많고 음악도 장르별, 가수별로 다양해서 생각했던 것만큼 지루하 지는 않았다. 루프트한자를 이용하면서 가장 좋았던 것은 기내식인데, 비빔밥, 불고 기, 컵라면 등 한국음식이 메뉴마다 한 개씩은 꼭 포함되어 있고 맛도 나쁘지 않아 서 만족스러웠다.

가장 힘들었던 건 경유 공항에서 비행기를 갈아타는 것이었다. 중간에 화장실에 갔 다 나오니 같이 비행기를 탔던 사람들이 어디론가 다 사라지고 없었다. 처음 비행 기를 갈아타보는 나에게 낯선 프랑크푸르트공항은 마치 미로와 같았다. 눈에 보이는 공항 내 직원들에게 비행기표를 보여주면서 길을 묻자 직원들이 비행기표에 적인 'DUB'를 보고 두바이에 가는 거냐며 두바이에 가는 길을 알려줘서 "더블린! 더블린!"을 몇 번이나 외쳤는지 모른다. 그렇게 겨우 찾아간 게이트에는 사람이 아무도 없었다. 알고 봤더니 게이트가 변경되어 있었고, 설상가상으로 비행기가 연착되어 버렸다. 그 탓으로 2시간 동안 멍 때린 끝에 겨우 더블린으로 가는 비행기를 탈 수 있었다. 더블린공항에 도착해서는 홈스테이 호스트 아줌마가 나를 금방 발견한 덕분에 홈스테이 집까지 무사히 도착할 수 있었다.

아무래도 장거리 비행이 처음인 사람이라면 중간에 비행기를 환승하는 과정이 쉽지 않다. 중요한 것은 너무 당황하지 않는 것인데, 사실 말처럼 쉽지는 않다. 하지만 닥치면 다 된다는 말도 사실이니 차분히 더블린으로 날아가자.

아일랜드 도착 후 해야 할 일들

초기 캘린더

아일랜드에 무사히 도착한 것까지는 좋은데 당장 뭐부터 해야 할지 모르겠다면 아래의 초기 정착 2주 캘린더가 신나는 아일랜드 생활의 첫 시작을 도와줄 것이다.

1일	2일	3일	4일	5일	6일	7일
시티센터 구경하기	핸드폰 개통하기	GNIB 카드 발급받기	집 구하기	주변 파악하기	기네스 마셔보기	집에서 쉬기

8일	9일	10일	11일	12일	13일	14일
친구 만들기	Meet Up 나가기	하우스 파티 가보기	근교 여행 갔다 오기	일 구하기	한국 음식 먹어보기	내 맘대로 아일랜드 즐기기

1일

첫날부터 무언가 건설적인 일을 해야겠다는 부담감은 버려라! 도착한 첫날은 아일랜드의 바람과 포근한 햇살을 받으며(그럴 확률은 매우 적긴 하지만) 거리를 거닐어보자. 장기간의 비행에 9시간의 시차까지 급격한 변화로 힘들어하고 있을 당신의 몸을 위해 오늘은 가볍게 시티센터를 거닐며 여유로운 아일랜드 사람들의 삶을 느껴보자.

2일

아일랜드 특유의 인사말인 'howaya?'로 아침을 시작하며 이틀 만에 벌써 아이리시가 된 느낌이 든다면 이제는 핸드폰을 개통할 차례. 자신에게 맞는 통신사를 선택해서 가까운 매장에서 핸드폰을 개통하자. 핸드폰을 개통하는 일은 5분도 채 걸리지 않는 매우 간단한 일이지만, 핸드폰을 개통하고 매장을 나서면 아일랜드 번호가 생겼다는 것만으로도 엄청난 뿌듯함이 밀려올 것이다.

3일

마음만 먹으면 하루에 핸드폰 개통, GNIB 발급을 한 번에 끝낼 수도 있겠지만, 서두르지 말고 하루에 한 개씩 해결하는 것이 좋다. 특히 GNIB 카드 발급의 경우 운이 나쁘면 카드가 발급되기까지 4~5시간이 걸릴 수도 있으니 여유롭게 하루를 잡도록 하자.

4일

개인마다 다르겠지만 보통은 아일랜드에 오기 전에 단기방을 예약해놓고 첫 1~2주간은 단기방에 지내면서 장기방을 찾기 때문에 아일랜드에 온 지 3~4일 정도가 되면 장기방을 찾기 시작해야 한다. 비교적 쉽게 구할 수 있는 단기방에 비해 장기방은 항상 공급보다 수요가 많기 때문에 집 구하기는 최대한 일찍 시작할수록 좋다는 사실을 참고하자.

5일

아일랜드 생활에 좀 더 익숙해지기 위해 시티센터 주변의 편의 시설들과 주요 시설들을 살펴보자. 계속해서 보다 보면 이제 길이 보일 것이다.

6일

아일랜드까지 와서 기네스를 안 마셔본다는 건 말도 안 되는 일이다. 오늘은 가까운 펍에 가서 자신있게 기네스를 한 잔 시키자. 45도 각도를 지켜가며 맛있게 기네스를 따라준 직원에게 "Thanks a million."을 날려주는 센스도 잊지 말 것!

7일

하느님도 세상을 만들고 7일째 되는 날은 집에서 휴식을 취하셨다. 오늘은 늦잠도 자고 그 동안 밀린 미드, 영드도 보면서 여유로운 하루를 보내자!

7~10일

모두가 아일랜드 생활을 하면서 이루고자 하는 목표가 있겠지만, 그것이 공부든, 여행이든, 경험이든 혼자서는 절대 이룰 수 없다. 영어실력이 부족하다고 수줍어하지 말고 부족한 영어로라도 외국인 친구들에게 먼저 다가가 말을 걸어보자. 아일랜드에 도착한지 일주일밖에 되지 않은 이 시기는 새로운 친구들을 사귀기에 가장 좋은 시기이다.

11일

아무리 좋은 곳이라도 그곳에 살다보면 마냥 아름답게만 보였던 풍경도 차츰 그 감흥을 잃어가고 매일 똑같은 사람들, 똑같은 장소에도 지루함을 느끼기 마련. 아일랜드에 온 지 10일이 넘었다면 가까운 곳으로 당일치기 여행을 다녀오자. 아일랜드는 도심에서 조금만 벗어나면 아름다운 풍경이 가득한 보석 같은 나라이다.

12일

이제 길도 어느 정도 익혔고 아이리시 영어에도 귀가 트였다면 아일랜드 워킹홀리데이의 가장 큰 관문인 직업 구하기에 도전할 차례! 낮에는 시티센터에 나가 정성스레 작성한 CV를 돌리고 저녁에는 온라인으로 CV를 보내자. 일이 구해지는 날까지 파이팅!

13일

개인마다 다르겠지만 한식이 그리울 때가 있다. 한인마트나 한식당을 방문해 한식을 먹고 힘을 내보자. 집에 있는 외국인 친구들과 한국 음식을 나누어 먹는다면 더욱 좋을 것이다.

14일

아일랜드에 온지 2주 차, 이제 내 맘대로 아일랜드를 즐길 시간이다. 다양한 문화의 사람들도 만나보고, 여행도 다니고, 가끔은 관광객들 틈에 섞여서 관광객의 시선으로 아일랜드를 즐겨보자. 그리고 누가 뭐라고 하던 내가 꿈꿨던 아일랜드 생활을 실현시키자.

어느 도시에
정착할까

아일랜드에는 수도 더블린을 포함해 골웨이(Galway), 코크(Cork) 등 여러 대표적인 도시가 있다. 당신의 새로운 운명을 개척하게 될 도시는 어디가 될까? 대부분의 학생들과 워홀러들이 더블린을 선택한다. 규모가 가장 크고 대표적으로 잘 알려진 도시이기 때문이다. 하지만 더블린이 아닌 다른 도시에도 그 지역만의 매력과 특색이 있고, 당신이 잡을 수 있는 공부와 일이 있다. 당신은 어떤 곳을 선택할 것인가? 대부분의 사람들이 처음 선택한 도시에서만 생활하다가 돌아가기 때문에 어디에 정착할지 신중하게 결정해야 한다.

더블린은 영어를 배우러 다른 나라에서 온 유학생들에게 인기 있는 도시이다. 그래서 어학원도 많고, 당연히 한국 유학생들도 많다. 오로지 영어만 쓰며 조용히 공부하고 싶다면 골웨이나 코크를 고려해보자. 도시 자체도 더블린보다 조용하고 한국 사람도 적어 차분한 분위기에서 영어실력을 키울 수 있다.

워킹홀리데이의 경우 어떤 일을 하고 싶은지, 가지고 있는 예산은 얼마인지 등을 잘 체크해 보고 지역을 선택하자. 더블린에는 일자리 수요가

높은 만큼 구직자 수도 많아서 구직 경쟁이 치열하다. 집도 비싼 가격
에 비해 컨디션이 좋지 않은 경우가 많다. 다른 도시로 가게 된다면 낮
은 일자리 수요와 적은 정보 때문에 초반에는 고생이 따르겠지만, 일단
적응을 한 후에는 가격 대비 좋은 집에서 아일랜드 문화를 즐기며 지낼
수 있을 것이다.

이처럼 어느 도시를 콕 집어서 좋다고 말할 수는 없다. 개인마다 성향
이 다른 만큼 각 도시의 특징이나 분위기를 잘 살펴보고 자신에게 알맞
은 지역을 정해보자.

더블린–아일랜드의 대표도시

더블린은 아일랜드의 수도이자 명실상부한 제1의 도시로, 여러 관광명
소가 있어 관광객들도 많이 찾는 곳이다. 더블린의 장점이라면 역시나
일자리나 집 매물이 가장 많다는 점이다. 워낙에 외국인을 포함한 많
은 사람들이 몰리는 도시인만큼, 일자리나 집 구하기는 상대적으로 수

월하다. 또한 쇼핑센터나 여타 사회 시설 등 여러 편의시설이 자리하고 있어 초반에 정착하기에도 유리하다.

다른 도시에 비해 외국인의 비율이 높다는 점이 단점으로 적용하기도 한다. 시티에는 아이리시보다 외국인 보기가 더 쉽다는 말이 있을 정도. 아일랜드의 본토 문화를 느끼고 싶다면 시티보다는 더블린 근교나 다른 도시를 선택해도 좋겠다. 특히 워킹홀리데이비자로 온 경우 일자리가 많은 것은 사실이나 그만큼 경쟁도 치열하다는 점을 잊지 말자. 기회와 경쟁이 비례하는 곳이 바로 더블린이다.

코크-진짜 아일랜드를 만나는 도시

아일랜드 제2의 도시로 우리나라의 부산과 곧잘 비교되곤 한다. 특유의 악센트가 있고, 상대적으로 한국인 비율이 적은 편이다. 또한 더블린에 비해 상대적으로 물가가 저렴한 편이다. 어학원의 한국인 비율도 적다. 시티에서 조금만 벗어나면 거의 아일랜드 가정만 있기 때문에 상대적으로 홈스테이나 오페어 등과 같은 직업을 구하기 용이하다.

반면 시티센터의 일자리 수요가 많진 않아서 일을 구하는데 어려움을 느낄 수 있다. 마찬가지로 어학원의 수도 적어서 선택의 폭이 좁다.

골웨이-흥겨운 축제의 도시

아일랜드 제3의 도시로 관광명소인 모허절벽(Cliffs of Moher)으로 유명하다. 도시 규모가 크진 않지만 시시때때로 음식과 영화 관련 축제가 열려서 많은 여행객들이 더블린과 함께 꼭 가봐야 할 곳으로 꼽는다. 자주 축제가 개최되는 덕분에 그와 관련된 일자리가 많다. 시티센터에 일자리 수요도 제법 있는 편이다. 더블린과 비교해서 차분하고 아담한 분위기를 자랑한다.

다만 일자리나 집 매물 등이 더블린에 비해 상대적으로 적고, 외국인 커뮤니티도 작은 편이다. 따라서 처음에 정착하는데 다소 어려움을 느낄 수 있다.

휴대폰

휴대폰
개통하기

집이나 일을 구하기에 먼저 가장 필수적인 휴대폰. 그래서 많은 이들이 도착하자마자 휴대폰을 개통한다. 아일랜드도 이제 막 4G가 들어왔고, 각 통신사들의 경쟁이 치열한 편이다. 여러 통신사들 중 어디를 선택하더라도 한국보다는 다소 저렴하게 이용할 수 있다. 일단 자신의 휴대폰 기기가 아일랜드 SIM 규격에 맞는지, 그리고 'COUNTRY LOCK'이 걸려 있지 않은지 확인해보고 사용하도록 하자. SIM은 각 통신사에서 구할 수 있고, 그 다음달부터는 편의점 혹은 인터넷뱅킹으로 크레디트(Credit)를 충전할 수 있다. 와이파이가 충분히 터지는 곳을 알고 있고

핸드폰을 자주 들여다보지 않는다면 와이파이로만 사용하는 것도 좋은
방법. 각 통신사의 요금과 혜택을 알아보고 자신에게 맞는 통신사를 선
택해보자.

Three(3)

한 달에 20유로를 충전하면 같은 통신사끼리 무제한통화, 데이터무제
한, 문자무제한, 주말에는 통화 무제한으로 사용할 수 있다. 한 달 후에
는 크레디트에서 빠져나간다. 요새 가입자가 느는 추세이지만, 시티센
터를 벗어나거나 지하에 가면 가끔 잘 안 터지는 단점이 있다.

Vodafone

음질이 가장 좋고 통신이 가장 잘 터진다고 알려진 통신사로 아직도 많
은 사람들이 사용 중이다. 첫 달에 충전하면 데이터를 무제한으로 주고,
그 다음달부터는 사용하는 대로 요금이 빠져나간다. 와이파이를 잘 이
용하고 시도 때도 없이 인터넷을 하지 않는다면 꽤 오래 쓸 수 있다.

Meteor

20유로에 200분의 무료통화와 문자무제한, 그리고 1GB의 통신데이터
를 제공한다.

O2

30유로에 무제한통화와 문자무제한, 그리고 1GB의 데이터를 사용할
수 있다.

GNIB
발급하기

아일랜드에 도착해서 해야 하는 가장 중요한 일을 꼽으라면 바로 GNIB를 발급받는 것이다. GNIB는 'Garda Immigration National Bureau'의 약자로 EU의 일원이 아니라면 반드시 만들어야 되는 일종의 체류허가증이다. 일반적으로는 인신매매 방지와 국외추방, 불법체류 방지하기 위한 목적이 있다. 보통 공항에서 입국심사를 할 때 3달 내에 만들어야 된다는 내용과 약도가 그려진 종이를 준다(입국심사관에 따라 한 달인 경우도 있다.)

구비서류 준비하기

GNIB를 발급할 때 학생비자와 워킹비자에 따라 준비해야 되는 서류가 다르다. 따라서 자신의 비자에 맞게 유의하여 챙기도록 하자.

먼저 학생비자의 경우 유학생 보험가입증서, 잔고증명서, 스쿨레터, 여권을 가져가야 한다. 스쿨레터는 보통 학원에서 이민국으로 바로 보내지만 안 보냈을 경우에는 지참하도록 한다. 반면 워킹비자의 경우 워킹 홀리데이 증명서와 여권만 있으면 된다.

어느 비자든 수수료 300유로를 지불해야 한다. 결제는 카드로만 가능하므로 해외에서 사용할 수 있는 신용카드나 체크카드를 반드시 챙겨가자. (엄밀히는 현금으로도 가능하지만 절차가 굉장히 복잡하다.)

이민국 방문하기

입국사무소의 운영시간은 월요일에서 목요일까지는 오전 8시에서 오후 9시, 금요일은 오후 6시까지다. 주말에는 일하지 않는다. 더블린과 코크, 골웨이의 GNIB 발급처 주소는 다음과 같다.

더블린 : 13/14 Burgh Quay, Dublin 2
코크 : Anglesea Street Garda Station, Anglesea Street Cork City
골웨이 : Unit 3, Liosbaun Industrial Estate, Tuam Road, Galway

이민국에 도착하면 먼저 번호표를 받아야 하는데 만약 대기시간이 너무 길다면 준비해간 책을 읽든지, 잠시 밖에서 다른 볼일을 보고 오는 것도 좋은 방법이다. 또 발급 신청 서류를 쓰다가 정확한 집주소를 몰라서 당황하는 경우가 많은데, 그렇게 자세하게 쓰지 않아도 괜찮다. 가령 'Generator Hostel Dublin'처럼 호스텔 이름만 써도 무방하다.

무사히 GNIB를 만들었다면 정식으로 카드가 나오게 되는데, 워킹홀리데이비자는 1스탬프, 학생비자는 2스탬프가 찍힌 카드를 받을 수 있다. 카드에 생일이 적혀있어서 종종 신분확인의 용도로도 사용되니 잃어버리지 않도록 조심하자.

GNIB가 있다면 유럽 각 국가들의 박물관이나 관광지의 입장료를 무료 혹은 할인된 가격으로 관람할 수 있다는 점도 참고할 것.

PPSN
발급하기

자, 일을 구했다면 이제는 PPSN을 발급할 차례다. PPSN은 'Personal Public Service Number'의 약자로 우리나라의 주민등록번호 같은 번호이다. 세금뿐만 아니라 사회복지, 의료서비스의 혜택을 받기 위해서 필수적이다. 이전에는 일을 구하기 전에 PPSN을 미리 발급해야만 했으나 이제 고용주들이 PPSN을 보여달라고 요구할 권리가 없어졌다. 즉, PPSN 없이도 일을 구할 수 있고, 일을 구하고 난 후에 PPSN을 발급받으면 된다.

구비서류 준비하기

PPSN을 발급하려면 우선 여권, PPSN Appointment, 고용증명서 그리고 거주지증명서 혹은 스쿨레터를 준비해야 한다. PPSN Appointment는 홈페이지를 통해 예약하면 받을 수 있는 예약 용지를 뜻하며, 고용증명서는 일을 구하고 난 후에 사업장에서 요청하면 된다. 거주지증명서는 주소지가 나와 있는 청구서(인터넷, 전기세 등)을 가져가면 된다. 다른 사람과 함께 사용하는 셰어룸의 경우 집주인이나 거주지 대표자에게 자신이 그곳에 산다는 사실을 증명하는 내용의 서류를 간단하게 준비해 서명을 받으면 된다.

발급처 방문하기

발급처에 가면 우선 리셉션에 가서 필요서류를 보여주고 번호표를 받는다. 기다리는 동안 서류를 작성하면 되는데, PPSN 신청 이유와 결혼 여부 등의 개인신상정보를 기입해야 한다. 자신의 순서가 되면 신청서와 구비서류를 제출하고, 나중에 본인 확인을 하기 위한 질문을 작성한다. 여러 가지 질문 중에 원하는 대로 2가지를 고르면 된다. 가령 어머니의 성이라던지, 가장 좋아하는 운동이 무엇인지 묻는 질문 등이 있다. 마지막으로 사진을 찍으면 모든 신청 과정이 끝났다. 이후 일주일 정도 지나면 본인이 사는 집으로 PPSN 레터가 날아온다. 보다 자세한 정보를 원한다면 아일랜드사회복지부 홈페이지(www.welfare.ie)를 방문할 것.

더블린과 코크, 골웨이의 PPSN 발급처 주소는 다음과 같다.

더블린 : 22 Kings Inne Street, Dublin 1
코크 : Social Welfare Office, Hanover street, Cork
골웨이 : Hynes Building, St. Augustine Street, Galway

은행계좌
열기

아일랜드로 오면서 한국에서 해외사용이 가능한 카드를 들고온 사람이 많겠지만, 카드결제를 할 때마다, 혹은 현금을 인출할 때마다 발생하는 해외사용 수수료도 무시할 순 없다. 따라서 일정 기간 이상 아일랜드에서 체류할 예정이라면 현지 은행에서 계좌를 만드는 것이 좋다.

아일랜드의 대표적인 은행으로는 아일랜드은행(Bank of Ireland), AIB(Allied Irish Bank), 얼스터은행(Ulster bank) 등이 있다. 거주지 근처에 있는 은행이나 본인이 거래하기 편한 은행을 방문하여 필요서류를 제출하고 간단한 서류를 기입하면 1~2주 뒤에 은행에서 정해주는 비밀번호인 PIN번호와 카드를 우편으로 수령할 수 있다.

구비서류 준비하기

비자에 따라 은행계좌를 여는 데 필요한 서류도 차이가 있다. 먼저 학생비자의 경우에는 GNIB를 만들기 위해

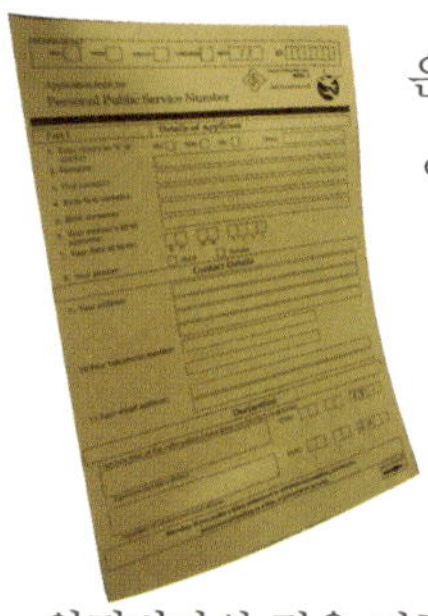

은행잔고 증명(3,000유로 이상)이 필요하기 때문에
아일랜드에 도착하자마자 가장 먼저 은행계좌를
만드는 경우가 많다. 보통은 학원에서 지정해준 은
행에서 직접 학원으로 출장을 오기도 하고 지정은
행을 알려주기도 하니 상대적으로 편리하게 만들
수 있다.

워킹비자의 경우 거주지증명서와 여권만 있으면 계좌를 만들 수 있다.
하지만 거주지증명에서 많은 사람들이 어려움을 겪곤 하는데, 보통은
일을 구한 후 Tax Credit 레터를 이용하곤 한다.

아일랜드에서 가장 처음으로 부딪치게 되는 난관은 바로 집을 구하는 것이다. 한국에서 혹시 집을 구해본 적이 있는가? 물론 있는 사람도 있겠지만, 아일랜드에서 살 집을 구하는 것만큼 치열하지는 않을 거라 생각한다. 집을 구하는 사람들의 수요는 많은 반면 상대적으로 공급은 부족해서 보통 집을 구할 때 2~3번의 뷰잉은 기본이고, 다른 경쟁자에게 밀려 탈락하는 일도 허다하다. 그럼 어떻게 집을 구해야 할까? 우선, 집의 위치와 주거 형태를 기본적으로 정해야 한다. 시티센터 근처에 살 것인지, 아니면 외곽에 살 것인지, 또는 싱글룸으로 살 것인지, 더블룸으로 살 것인지 등 기본적인 사항을 정해두자.

아일랜드에 머물면서 혼자 사는 경우는 사실 흔치 않다. 비용문제도 무시할 수 없고, 외국인과 방을 나눠쓰는 것, 그리고 다른 문화를 융합해서 서로 배려하며 사는 것 또한 공부라고 생각한다. 어떤 사람은 단번에 좋은 룸메이트를 만나기도 하고, 어떤 사람은 시행착오 끝에 적응을 하기도 한다.

최대한 빨리 짐을 풀고 싶은 유학생들의 마음은 이해하지만, 차라리 호

스텔에 며칠 더 머물지언정 꼼꼼하게 따질건 따지고 집을 찾으라고 조언해주고 싶다. 디파짓은 누구에게 주는 건지, 열쇠는 언제 받을 수 있는지, 밀린 공과금은 없는지, 따뜻한 물은 잘 나오는지 등등 제대로 안 보고 들어갔다가 다른 사람의 밀린 빌을 내주거나 디파짓을 뜯기거나 열쇠를 못 받은 사람을 수두룩하게 봤다.

집은 몸과 마음이 함께 쉬는 곳이다. 절대로 급하게 결정하지 말고, 발품을 팔아가며 정보를 찾아보고 어떤 집이 나에게 좋을지, 집을 구하는 데 있어 가장 중요한 조건이 무엇인지 생각해보며 집을 찾아보자.

어디에서 살 것인가

아일랜드의 도시들은 대체로 큰 편이 아니라서 다소 근교에 산다고 해도 루아스(Luas, 지상철)나 버스를 이용하면 30~40분이면 대부분 시티 중심에 닿을 수 있다. 보통은 시티 중심에서 집을 구하겠지만 장단점이 있으므로 잘 생각하는 것이 좋다. 그리고 위험하다고 알려진 곳은 직접 방문해보고 판단하자. 여자들은 밤늦게 다니면 위험할 수도 있으므로 보안이 잘되고 안전한 곳을 선택하는 것도 중요하다.

시티 중심의 경우 장점은 단연 편리함이다. 모든 교통수단과 문화시설 및 편의시설을 쉽게 이용할 수 있다. 또 시티 중심에 일자리가 많으므로 근처에 집을 구해놓고 일을 찾으러 다니는 것이 보편적이다. 반대로 조용한 분위기를 좋아하는 사람은 시티 중심에 사는 것이 불편할 수 있다. 아무래도 번화가는 사람도 많고 시끄럽기 마련이다. 특히 노숙자들이나 10대 청소년들이 많아서 가끔은 곤란한 상황을 겪을 때도 있다. 더불어 근교와 비교했을 때 집값이 좀 비싼 편이다.

반면 도시 근교에 집을 구하면 시티에 비해 조용하고 한산한 분위기에서 생활할 수 있다. 외국인의 비율이 낮다보니 아일랜드 현지인들과 만날 수 있는 기회도 조금은 더 생긴다. 시티에 비해 술에 취해서 돌아다니거나 구걸하는 사람도 드물다. 물론 불편한 점도 있다. 가장 큰 문제는 교통편. 버스나 루아스를 타고 이동하는 경우 차가 끊기면 집으로 돌아갈 방도가 없다. 집 근처에서 일을 구할 기회도 상대적으로 적으므로 시티 중심까지 출퇴근을 해야 할 경우도 고려해보아야 한다.

집세가 만만치 않다

당신은 한 달에 얼마를 방세로 지불하며 살 수 있는가? 더블린 시티 기준으로 싸게는 200유로 초반부터 비싸게는 400유로까지의 방이 가장 많은 편이다. 보통은 250에서 350유로 사이로 집을 구하곤 한다. 혼자 방을 사용하는 싱글룸은 다소 시세가 높으므로 시시때때로 매물을 확인하고 가격을 체크할 것.

집의 형태와 방의 형태

집의 형태는 크게 우리나라의 원룸에 해당하는 스튜디오, 아파트, 하우스로 나누어진다. 여유가 있다면 스튜디오도 좋지만, 보통은 1년 계약이 대부분이고 렌트 가격이 상당하다. 따라서 대부분의 유학생이나 워홀러들은 하우스나 아파트에서 살게 된다. 아파트는 시설이 신식인 곳이 대부분이라 난방이나 인터넷 등이 잘 되는 편이다. 다만 규정이 엄격한 편으로 지켜야하는 규칙들이 까다로운 경우도 있다. 하우스는 대체로 겨울에 조금 춥다는 단점이 있지만, 아파트보다 저렴한 가격으로 빌릴 수 있다.

방의 경우는 싱글룸과 트윈베드룸이 일반적이다. 간혹 거실을 방으로 꾸며 셰어하는 경우도 있긴 하지만 일반적인 경우는 아니다. 싱글룸은 개인의 사생활이 보장되고 혼자 지내다보니 마음 편하게 지낼 수 있는 장점이 있는 반면 가격도 트윈룸보다는 높은 편이다. 한편 트윈룸은 룸메이트를 잘못 만난다면 불편하겠지만 마음이 맞는 룸메이트를 만난다면 아일랜드 생활동안 좋은 친구로 지낼 수 있다. 자신의 성격이나 조건에 따라 집과 방을 잘 구해야 아일랜드 생활이 편안하다.

누구와 함께 살 것인가

당신은 어떤 집 분위기를 좋아하는가? 어떤 집은 하루가 멀다 하고 파티를 열기도 하고 어떤 집은 일정 시간이 되면 다들 잠에 드는 경우도 있다. 아일랜드의 대부분 집들은 방음이 잘 되는 편이 아니므로 같이 지내는 플랫메이트나 룸메이트가 지나치게 자주 파티를 연다거나 매일같이 친구를 동의 없이 데려와 어울린다면 당신의 수면과 일상생활에 굉장히 큰 불편함으로 다가올 것이다. 혼자 사는 집이 아닌 이상 막무가내로 자기 멋대로 사는 경우는 많지 않겠지만, 그만큼 함께 사는 사람이 중요하다는 말이다.

사실 집에 머무는 시간이 그리 많지 않다면 플랫메이트나 룸메이트는 그렇게 중요하지 않을지도 모른다. 그래도 주기적으로 만나고 같이 있는 사람들이다. 그들이 자기들만의 규율을 잘 지키고 화목하게 지낸다면 누구라도 그 집에 들어가고 싶지 않을까? 같이 살면서 플랫메이트 혹은 룸메이트들과 정이 들어서 그들이 집을 떠날 때 슬퍼하는 경우도 꽤 봤다.

한 가지 더 이야기하자면, 좋은 플랫메이트나 룸메이트를 구하는 것이 중요한만큼 자신이 좋은 플랫메이트나 룸메이트가 되어야 한다는 것도 잊지 말자.

편의시설과 각종 공과금

집을 구하며 인터넷이 되는지, 세탁기가 있는지, 보통 한 달에 전기세는 얼마나 나오는지…… 사실 아주 기초적이고 기본적인 질문들이지만, 꼭 해야 하는 질문이기도 하다. 어떤 집은 인터넷이 없어서 핸드폰 인터넷을 끌어다 쓰는 경우도 있고, 한 아파트에 세탁기가 한 대여서 새벽같이 세탁기 전쟁을 하는 집도 있었다. 가격이 싸거나, 반대로 비싼 데는 이유가 있다. 돈에 관한 건 무척 중요하므로 어렵게 생각하지 말고 꼭 물어보도록 하자. 그들도 당황하지 않고 친절하게 알려줄 것이다.

참고로 저자 4명이 실제로 어떤 집에서 살았는지 참고할 수 있도록 정리해보았다.

구분	영표	다운	태광	수정
위치	더블린	더블린	더블린	더블린
주거 형태	아파트 셰어	아파트 셰어	아파트 셰어	아파트 셰어
집세	235유로	4주 260유로	235유로	237유로
보증금	235유로	260유로	250유로	250유로
전기세 인터넷	1달 34유로 2달 19유로	2달 50유로 무료	2달 50유로 1달 11유로	2달 50유로 1달 10유로
플랫 구성	한국, 일본, 콜롬비아, 멕시코(2), 러시아	한국(2), 아이리시, 브라질(3)	한국, 베네수엘라, 브라질, 이탈리아, 루마니아	한국, 브라질, 아르헨티나, 스페인
분위기	메이트들이 직장을 다니거나 학교를 다녀서 조용한 편이지만 종종 파티를 열었다. 옆집과도 사이좋게 지냄	매일 파티를 하는 시끌벅적한 분위기	다들 일을 해서 평일에는 조용한 편. 거실에서 도란도란 얘기하는 화목한 분위기	다들 파티는 좋아하지만 집은 휴식을 위한 곳이라고 생각해서 조용히 지냄

| 규칙 | 매주 방마다 돌아가면서 주 1회 대청소 | 청소를 3명 혹은 4명씩 나눠서 격주로 맡음 | 청소는 1주에 1명이 도맡아서 하고, 생필품은 돌아가면서 구입했다. 세탁기 이용은 11시 이후에만 가능 | 청소는 각자 돌아가며 주 1회, 빨래는 각자 정해진 요일에만 했다. 거실과 부엌 등 공동사용 구역은 항상 깨끗하게 사용 |

인터넷으로 매물 찾아보기

아일랜드에서 집을 구할 때는 흔히 매물들이 올라오는 사이트를 통해 알아본다. Daft(www.daft.ie), My Home(www.myhome.ie), Rent(www.rent.ie) 등 대표적인 사이트에 접속해서 집 공고를 확인해야 하는데, 한 가지 팁이 있다. 사이트 시스템 상 업무시간이 지난 저녁에 작성하는 공고 글의 경우, 다음날 아침 8시나 9시 경에 일괄 등록된다. 따라서 이 시간에 공고를 확인한다면 다른 사람보다 먼저 글을 보고 연락을 취할 수 있다. 여기서는 Daft 사이트를 기준으로 매물 찾는 방법을 살펴보자.

❶ 홈페이지에서 조건에 맞는 집 검색하기

사이트에 로그인을 한 뒤 원하는 지역을 선택하고 가격과 성별, 방의 형태를 선택해서 검색할 수 있다. 보통 주소와 사진 그리고 상세한 설명이 같이 첨부되므로 마음에 드는 집이 있으면 문자나 이메일, 전화로 문의하면 된다. 시티센터와의 거리나 주변에 버스나 루아스 정류장이 있는지 궁금하면 맵 기능으로 살펴볼 수도 있다.

같은 언어를 쓰는 사람이나 특정 국가의 플랫메이트를 선호하지 않는 집도 있다. 선입견은 좋지 않지만 나라마다 특성이 다르므로 국적이나 어떤 언어를 쓰는지 확인하도록 하자. 만약 다 똑같은 국적에 나만 혼자라면 바보가 된 기분을 매일같이 느낄 수 있을 것이다 (저자의 실제 경험담이다.)

❷ 본격적으로 어필하기

일반적으로 집을 인터넷 사이트에 올리면 하루에도 수십 개의 문자와 메일이 온다. 물론 전화로 하는 사람들도 있다. 이 많은 경쟁자들 속에서 자신을 돋보이게 하는 건 정말 어려운 일이다. 어떻게 어필을 해야 할까? 일단 자기에 대한 설명을 간략하게 보낸다. 자신의 출신국가와 어떤 사람인지, 그리고 집을 보러가고 싶은데 언제쯤 가면 좋은지 적극적으로 물어보는 자세가 필요하다.

연락을 하는 방법도 중요한데, 전화가 가장 좋은 방법이지만 상대방이 전화를 받지 않거나 공고에 따로 전화 문의는 하지 말라고 한 경우에는 메일이나 문자를 이용하면 된다. 통화 시에는 간단히 자기소개를 하고 뷰잉 일정을 물어보고, 메일이나 문자의 경우에도 최대한 문법적 오류를 줄이고 간결하면서도 정확하게 자신의 의사를 표현할 필요가 있다. 저자가 직접 플랫메이트를 구하면서 문자나 메일을 받아본 적이 있었는데, 정말 무성의하게 오는 메시지가 있는가 하면 읽어만 봐도 뽑고 싶은 사람도 있었다. 여기서 또 한 가지 답답했던 것은 제대로 공고 글을 읽어보지도 않고 질문을 하거나 무작정 살고 싶다고 하는 사람들이 있었는데, 렌트 가격 및 입주 날짜까지 정확하게 기재해놔도 이를 다시 물어보는 사람들이 많았다. 그리고 같은 언어를 사용하는 사람은 받지 않겠다고 했음에도 불구하고 연락이 오는 경우도 종종 있었다. 최소한 공고를 꼼꼼히 읽어보고 문의하는 노력이 필요하다고 생각한다.

❸ 뷰잉 가보기

우여곡절 끝에 뷰잉 약속을 잡게 되었다면 집과 플랫을 확인해야 하는데, 아일랜드에서 오래 머물게 될 집이 될 수도 있으므로 하나하나 꼼꼼하게 살펴볼 필요가 있다. 정말 집이 마음에 든다면 본격적으로 자신을 어필해야 한다. 가장 좋은 방법은 살고 싶다는 의사를 적극적으로 표시하면서 플랫들과 많은 이야기를 나누는 것이다.

대부분의 집주인들은 많은 후보자들을 직접 보고 고르고 싶어 한다. 만약 맘에 드는 집을 발견했다면 자기와 살게 될 사람이 누구인지 잘 살피는 게 중요하다. 그 사람과 얘기가 잘 통하고 좋은 인상을 준다면 그 사람은 당신에게 좋은 인상을 받을 것이다. 그리고 모든 조건을 물어보고 마음에 든다면 디파짓(deposit, 보증금)은 얼마인지, 언제 들어올 수 있는지 등을 확인한다. 만약 정말 그 집이 마음에 들고 놓치고 싶지 않다면 내가 본 집 중에 제일 마음에 들고 꼭 여기서 살고 싶다고 말을 하거나 나중에 한 번 더 연락하는 것도 좋은 방법이다. 어떤 사람들은 보증금의 반값을 선 계약금으로 미리 걸어놓기도 한다.

❹ 집 결정하기

집주인으로부터 긍정적인 답변을 받았다면 이사 들어갈 날짜와 들어갔을 때 렌트 내는 비용에 대해서 확실히 하도록 한다. 보통은 첫 달치 방세와 디파짓을 한꺼번에 내고 들어가는 게 일반적이다.

집주인과 직접 계약서를 작성해야 될 때도 있지만, 만약 집주인이 직접 관여하지 않는 집이라면 그 집의 대표격인 사람과 얘기를 나누고 계약서는 어떻게 작성이 되어있는지 확인을 한다. 보통은 그 집 대표격인 사람이 입주자를 결정하고 디파짓과 집세를 한꺼번에 내면 기존에 살던 사람이 디파짓을 가지고 나가는 시스템을 가지고 있는 집이 많다. 어떤 시스템인지 잘 알아보고 그래도 미심쩍다면 그 집 대표격에게 영수증을 써달라고 하는 것도 한 방법이다.

스위트홈을 찾아서

영표's House　　　내가 아일랜드에 와서 처음 지냈던 곳은 과거 시트콤 제목처럼 '남자 셋, 여자 셋'이 사는 더블린1의 단기방이었다. 그곳에서 한국 여자분과 함께 방을 쓰게 되었다. 그분과 자연스럽게 한국말을 쓰며 마음이 편하긴 했으나 다른 플랫들의 눈치는 둘째 치고 내 영어 실력을 위해서도 딱히 좋은 선택은 아닌 것 같다는 느낌이 점점 들었다. 그래서 장기방은 꼭 다국적 플랫이 있는 곳으로 찾아야겠다고 마음먹었다. 그러던 중에 Daft에서 마음에 드는 집을 발견했고, 운 좋게도 바로 뷰잉 약속을 잡을 수 있었다. 한 가지 마음에 걸렸던 건 더블린 내에서 가장 위험하기로 유명한 썸머힐에 위치하고 있다는 것. 하지만 막상 찾아가보니 마음에 쏙 드는 쾌적한 집이었다. 플랫들은 또 얼마나 친절한지. 금세 친구가 된 우리는 1시간이 넘게 와인을 마시며 즐겁게 이야기를 나누었다.

잘 웃고 맞장구치는 내 모습이 호감이었는지, 플랫들이 디파짓을 준다면 바로 나를 새로운 플랫으로 받고 싶다고 했다. 확실한 태도가 고맙긴 했지만, 처음으로 뷰잉을 갔던 집이기도 하고 위험한 장소로 소문난 곳이라는 점이 마음에 걸렸다. 그래서 일단 보류하고 다음날 결정해서 알려주겠다고 했다. 그렇게 뷰잉을 마치고 단기방으로 돌아가는 길에 곰곰이 생각해보니 그 집에 뷰잉을 간 다른 사람이 나보다 먼저 디파짓을 내게 된다면 이 기회를 날려버리게 될 것 같아 불안해졌다. 아무리 생각해도 그 집은 나에게 운명처럼 여겨졌다. 그래서 바로 전화를 걸어 당장 디파짓을 주겠다고 말해버렸다. 그렇게 1년 동안 나의 보금자리가 된 썸머힐의 집. 아일랜드에서 둘도 없는 베프가 된 5명의 각기 다른 국적의 플랫들. 이 집을 구한 건 아일랜드에서 내가 했던 선택들 중 가장 잘한 것임에 분명하다!

다운's House　아일랜드에 잘 정착하는데 있어 가장 중요한 요소가 집이라고 해도 과언이 아니다. 매물이 적은 시기도 많거니와 조건이 맞아도 내가 구성원으로서 플랫메이트들의 마음에 들어야 두 다리 뻗고 잘 공간이 생긴다. 이런 까다로움 때문에 촉박한 시간에 쫓겨 급한 마음으로 집을 구하는 사람들이 많다. 나 역시도 급하게 이사하느라 성공적인 집 찾기에는 실패한 케이스에 속한다. 플랫메이트들의 대다수가 영어에 미숙하고 매일 파티를 즐기는 브라질 사람들이었다. 피곤한 몸을 이끌고 집에 돌아왔는데 마이 스위트홈은 웬 클럽으로 변해있고, 졸려 죽겠는데 제대로 방음도 되지 않는 집에서 쿵짝쿵짝 시끄러운 음악이 흘러나올 때의 기분이란. 게다가 나이 많고 심술궂은 변태 아이리시까지! 결국 두손두발 다 들고 말았다. 나처럼 기껏 집을 구했다가 적응하지 못해 다시 뷰잉 다니고 이사비용 내며 고생하고 싶지 않으면 처음부터 꼼꼼하고 신중하게 집을 구하자.

태광's House　위치, 플랫메이트들의 국적, 전기세와 인터넷 요금, 언제 들어갈 수 있는지 등이 보통 많이 고려하는 부분이다. 어느 것 하나 중요하지 않은 것이 없다. 시티센터와 가까울수록 장을 보러 갈 때, 학원을 갈 때나 일을 하러 갈 때 좀 더 수월할 것이다. 만약 시티에서 멀리 위치하고 있다면 근처에 어떤 편의시설과 교통시설이 있는지 알아보는 게 좋다. 국적도 정말 중요한데 나라마다 문화가 다르고 언어가 다른 만큼 문화적인 차이나 불편함도 감수할 수 있어야 한다. 전기세는 겨울에 비싸지므로 겨울에는 어느 정도 나오는지 물어보는 것도 좋다.

이 모든 것을 오자마자 완벽하게 물어보고 꼼꼼하게 살펴보는 건 사실 무척 어렵다. 뷰잉도 하나의 연습이라고 생각하고 전화도 해보고 문자도 해보면서 어떤 식으로 해야 상대방에게 어필할 수 있을지 연습도 해보자. 하다보면 점점 집 구하는데 능숙해진 자신을 발견하게 될 것이다.

　　비싼 돈 내고 지내는 홈스테이! 그만큼 홈스테이 집을 고를 때도 신중하게 골라야 한다. 홈스테이 집을 고르는 방법에 대해서 알아두면 좋은 몇 가지 팁을 살펴보자.

첫째, 호스트가 집에 있는 시간이 많은지 확인하자. 보통 호스트의 나이가 많을수록 집에 있는 시간이 많은데 호스트가 집에 있는 시간이 많아야 도움이 필요할 때 바로 바로 도움을 받을 수도 있다. 또한 그래야 많은 사람들이 홈스테이를 하는 이유 중 하나인 문화교류도 활발하게 할 수 있다. 나의 호스트 아주머니의 경우 가족들이 다 같이 둘러앉아 저녁식사를 하는 것을 매우 중요하게 여겼는데, 덕분에 저녁시간마다 가족들과 영어로 대화도 하고, 아일랜드 생활에 도움이 되는 정보들을 많이 얻을 수 있었다.

둘째, 조금 비싸더라도 시티에서 가까운 집을 선택하자. 나는 집세 때문에 더블린 시티에서 먼 더블린16에서 홈스테이를 했는데, 그 가격만큼 버스비를 더 썼다. 게다가 만약 집에 돌아가는 막차라도 놓친다면 정말 답이 없다!

마지막으로 홈스테이 게스트가 최소 2명 이상인 집을 고르도록 하자. 운이 좋으면 일자리에 대한 정보도 얻을 수 있고, 평생 기억에 남을 외국인 친구를 사귈 수도 있다.

Part 5
Everyday Life in Ireland

피가 되고 살이 되는
생활정보

어디에서 살까

어디에서 과일과 빵을 사고, 어디에서 옷을 사고, 어디에서 화장품을 살까? 제대로 알지 못해 백화점에서 사탕 하나에 5유로를 주고 구매하는 일은 없도록 하자. 당신의 효율적인 소비를 돕기 위해 아일랜드에서 현명하게 물건을 살 수 있는 실용적인 정보를 공개한다.

대형마트에서 장보기

장을 볼 때 사람들이 많이 찾는 마트로는 테스코(Tesco), 알디(Aldi), 리들(Lidl)이 대표적으로 꼽힌다. 영국 브랜드인 테스코는 종목별로 깔끔하게 정리가 잘 되어 있고 물건의 종류가 다른 마트에 비해 많아 선택의 폭이 넓다. 고기류를 잘 포장해서 판매하고 있고, 특히 공산품 종류가 매우 다양하다.

알디와 리들은 독일의 대표적인 슈퍼마켓 체인으로 테스코에 비해 깔끔하고 쾌적하게 정리되어 있지는 않지만, 대신 가격이 조금 더 저렴한 편이다. 특히 채소류가 테스코에 비해 저렴하다. 알디의 같은 경우에는 매일 빵을 구워 저렴하게 팔고, 리들은 매주 6개의 종목의 제품을 대폭

할인해서 파는 것이 특징이다.

던스토어(Dunnes Store)는 아일랜드의 국내 브랜드로 포장과 신선도가 뛰어나기로 알려져 있다. 번화가에 위치해서 접근성이 용이하나 가격은 조금 높은 편이다.

테스코와 마찬가지로 영국 체인인 막스앤스펜서(Marks&Spencer)는 카페도 같이 운영하며, 커피나 케이크, 그리고 여러 가지 양질의 채소를 만나볼 수 있다. 가격대는 조금 높지만 질이 상당히 좋은 편이라 품질을 따진다면 추천할 만하다.

생활용품 저렴하게 구입하기

대형마트 외에 소소한 생활용품을 싸게 살 수 있는 가게들도 많이 있다. 한국의 천냥숍 같은 브랜드들인데, 대표적인 곳이 2유로숍(2Euro)이다. 초콜릿, 과자부터 주방용품, 문구류까지 없는 것이 없다. 혹시 필요한 물건이 있는데 어디서 사야할지 모르겠다면 우선 여기부터 가보자.

스웨덴 가구기업인 이케아(IKEA)는 합리적인 가격과 심플한 디자인, 좋은 품질로 전 세계 가구시장을 잠식하고 있는데, 아일랜드 더블린에서도 이케아를 찾아볼 수 있다. (아일랜드 사람들은 '아이케아'라고 발음하는 경향이 있다.)

이케아의 구매방식은 전시된 제품을 보고 연필로 메모를 하고 밑에 내려가서 찾아 결제하는 독특한 방식이다. 천천히 둘러보고 밑에 가서 마음에 드는 제품을 찾아볼 수 있는데, 가구부터 주방용품까지 없는 게 없다. 이사를 했는데 이불이나 주방용품 식기도구가 하나도 없다면 이케아로 향하자. 자주 가기는 어렵지만 한두 번 가볼만한 가치가 있는 곳이다. 이케아의 음식 또한 가격대비 맛있는 것으로 유명하다. 이케아 패밀리카드를 만들면 특정제품에 한해 할인이 가능하고 주중에는 커피도 무료로 제공된다.

이외에 예쁜 공산품을 매우 저렴하게 파는 타이거(Tiger)도 방문할 만하다. 트리니티대학 정문에서 가까운 곳에 위치하고 있다.

쉽게 만날 수 있는 화장품 브랜드

화장품이나 미용용품을 살 수 있는 대표적인 브랜드는 부츠(Boots)이다. 시내 각지에서 찾아볼 수 있다. 색조부터 기초화장품까지 웬만한 유명 제품들은 모두 쉽게 구할 수 있다. 트리니티 학생카드를 소지하고 있다면 10퍼센트 할인 혜택을 받을 수 있으니 참고하자.

옷을 사려면 일단은 페니스로

저렴하게 옷을 사려는 사람들이 가장 먼저 떠올리는 곳은 페니스

(PENNEYS)일 것이다. 특히 양말, 속옷, 스타킹, 기본 티셔츠와 같은 소모품들은 싼값에 페니스에서 사는 것이 실용적이다. 다만 대체적으로 저렴한 가격만큼 품질도 썩 좋지는 못하므로, 데이트나 파티용 옷을 구한다면 다른 브랜드를 찾는 것을 추천한다.

무엇을 타고 다닐까

한국의 대중교통에 익숙해져 있다면 아마 아일랜드 교통비에 까무러칠 것이다. 한번 잠깐 버스 타는데 기본적으로 한화 2천원이 넘는다. 튼튼한 두 다리가 있다면 작은 더블린 어디든 걸어갈 수 있겠지만, 대중교통을 이용할 상황이 생긴다면 잘 알고 활용해보자.

아일랜드에서 이용할 수 있는 대표적인 교통수단은 크게 버스, 루아스(Luas), 다트(DART), 기차 등이다. 기차 이외의 모든 교통수단은 아일랜드 대중교통카드인 립(Leap) 카드 사용이 가능하다. 버스카드와 립카드를 살 때 학생카드를 활용하면 좀 더 저렴하게 살 수 있으니 학생카드가 있다면 활용하자.

더블린버스

버스는 더블린에서도 가장 대중적인 대중교통 수단이다. 더블린버스 홈페이지(dublinbus.ie)에서 노선을 확인할 수 있다. 또한 스마트폰을 사용한다면 더블린버스 어플을 다운받아 활용하자. 어느 정류장에

몇 번 버스가 몇 분 안으로 오는지 실시간으로 조회가 가능하므로 무작정 정류장에 서서 시간을 낭비할 일을 줄일 수 있다.

버스요금은 현금의 경우 버스를 타면서 운전기사에게 목적지를 이야기하면 얼마인지 알려준다. 거스름돈은 운전기사가 직접 주지 않고 대신 영수증을 주는데, 그것을 들고 오코넬스트리트의 더블린버스센터로 찾아가면 거스름돈을 돌려받을 수 있다.

현금 외에 더블린버스카드도 사용할 수 있다. 버스카드의 가장 좋은 점은 당일에는 횟수 제한없이 마음껏 버스를 탈 수 있다는 것이다. 승차한 수와 관계없이 탑승 일수로 요금이 계산되기 때문이다. 따라서 하루 안에 먼 목적지를 왕복으로 갔다 올 경우에는 현금보다 더블린카드가 훨씬 경제적이다. 3일권, 7일권, 14일권, 30일권 등 필요에 맞는 버스카드를 구매하여 사용하자. 버스카드는 더블린버스 마크가 붙은 편의점이나 더블린버스센터에서 구입 가능하다.

루아스

루아스(Luas)는 한국에서 찾아 볼 수 없는 독특한 교통수단이다. 땅 위의 전철이라고 보면 이해가 빠르다. 구간에 따라 가격이 달라지고 레드라인(Red Line)과 그린라인 
(Green Line)이 있다. 레드라인은 북쪽에서 가로로, 그린라인은 남쪽에서 세로로 가로지른다. 일회용 티켓과 정기권, 그리고 버스와 루아스를 동시에 사용할 수 있는 콤비티켓 등을 구입할 수 있다.

다트

다트(DART)는 우리나라의 전철과 비슷한데, 근교로 이동하거나 여행을 갈 때 편리하게 이용할 수 있다. 요금은 버스와 비슷하다.

기차

기차(Train)는 도시에서 다른 도시로 이동 시 주로 이용하게 된다. 더블린에선 코널리역(Connolly Station)과 휴스턴역(Heuston Station)에서 승하차가 가능하다. 시간과 날짜에 따라 표 가격이 달라지는데, 더블린이나 골웨이, 코크 간에 이동하는 교통비는 편도 10~20유로 정도로 생각보다 비싸지 않은 편이다. 기차 가격은 미리 구매할수록 훨씬 저렴하고, 당일에는 가격이 치솟으므로 미리 예매해서 사용하도록 하자.

고향의 맛이 그리울 때

오랜 시간 아일랜드에 있다 보면 맵고 칼칼한 정겨운 한국음식 생각이 날 때가 있다. 특히 한국의 가족과 친구들이 그리울 때나 몸이 아플 때면 더 간절해지곤 한다. 몸이나 마음이 힘들 때는 밥심(?)으로 이겨내는 것도 좋은 방법. 요리에 자신이 있다면 한국 식재료를 파는 곳을 알아두자. 생각보다 다양한 재료를 구할 수 있으니 걱정 붙들어 매시라. (한국 요리로 외국인 친구와 친해지는 것도 외국 생활을 즐길 수 있는 한 가지 팁이다.) 물론 맛있는 한식을 파는 식당도 많으니 참고해둘 것.

직접 요리해 먹기

❶ 코리아나

더블린에 살고 있다면 '코리아나'라는 이름을 적어도 한번쯤은 들어보고 방문해봤을 것이다. 순수한 한국 슈퍼마켓인 코리아나를 들어서면 먼저 "어서오세요"라는 정겨운 인사를 들을 수 있다. 길쭉한 쌀이 아닌 한국에서 먹는 쌀부터 각종 한국 과자와 라면까지…… 매장 크기는 아담한 편이지만 없는 게 없다. 불고기소스나 고추장, 된장도 다 취급해서 한식재료 사기에는 안성맞춤. 30유로 이상 구매하면 배달도 가능하다. (배달비는 별도이나 100유로 이상 구매 시 더블린 내에서는 무료 서비스를 받아볼 수 있다.)

주소 19 Little Britain Street, Dublin 7   **홈페이지** www.coreana-online.com

❷ 아시안 한성마켓

저비스쇼핑센터에서 리피(Riffey) 강 쪽으로 나가다보면 한성마켓이 있다. 한성마켓은 중국 식재료와 한국 식재료를 골고루 파는 곳으로 채소와 생선, 고기도 구매할 수 있다.

가격은 코리아나와 비슷한 편이다. 대신 한성마트에서는 금요일마다 쌀을 10퍼센트 할인해서 팔고 있다. 쌀 소비가 많다면 한성마트의 금요일을 노려보도록 하자.

❸ 중국 식료품 마켓

각 동네마다 흔히 만날 수 있는 중국 식료품점에서는 가게마다 다르지만 적게는 라면부터 많게는 여러 소스까지 조금씩 한국 식재료를 취급하고 있다. 간장이나 참기름 같은 것이 필요하다면 마트체인인 리들 같은 곳에서도 구할 수 있고, 이런 중국마켓에서도 구매할 수 있다(물론 중국산이다).

더블린에서는 저비스역(Jervis Luas Station) 앞에 있는 동방마켓과 조지 아케이드(George Arcade) 근처에 있는 중국마켓이 큰 규모에 속한다.

식당에서 즐기기

❶ 김치 레스토랑

더블린에서 가장 대표적인 한식 음식점으로 소고기 비빔밥과 불고기가 대표 메뉴이다. 대부분 메뉴가 정갈하고 깔끔하게 나와서 한국 음식에 생소한 외국인 친구과 식사하기에 적합한 편이다. 실제로 한국 손님보다 외국인 손님들이 더 많다. 대체적으로 가격은 조금 높은 편.

레스토랑 바로 옆 건물에 같은 사장이 운영하는 펍이 있으므로 식사를 마치고 맥주 한 잔이 땡긴다면 찾아가보자. 이 펍의 메뉴판에서 양념치킨이나 골뱅이 무침과 같은 한국식 안주를 찾아볼 수 있다.

맛★★★★ 가격★★★ 서비스★★★★ 한국 주류 가능
주소 160 Parnell St, Dublin 1 전화 (01) 872-8318

❷ 한성마켓 스낵바

마트를 지나 안쪽으로 들어가면 학생식당을 연상케 하는 작은 스낵바가 위치하고 있다. 김치찌개, 제육볶음, 볶음밥, 순두부찌개 같은 친숙한 음식들을 5~6유로 정도 되는 저렴한 가격에 먹을 수 있다. 5유로를 내면 커다란 접시에 먹고 싶은 메뉴를 여러 가지 골라 담아 먹을 수 있는데, 양이 꽤 많기 때문에 싼값에 배불리 먹고 싶은 유학생들에게 권하고 싶다.

메뉴가 전반적으로 저렴한 만큼 국을 떠다 먹거나 빈 그릇을 치우는 일

은 셀프서비스. 우두커니 테이블에 앉아 누군가가 국을 떠다줄 때까지 기다리는 일은 없도록 하자.

맛★★★ 가격★★★★ 서비스★★★ 한국 주류 불가능
주소 22 great stand street, Dublin 1 전화 (01) 887-4405

❸ 아리수 숯불갈비

여느 한국의 식당 같은 친숙한 인테리어를 자랑하는 이곳은 숯불갈비 전문점이라 테이블마다 한국식 그릴이 설치되어 있다. 숯불에 고기를 지글지글 구워먹는 한국식 바비큐가 그립다면 한번쯤 찾아갈 만한 곳. 인기가 꽤 좋아 최근에는 확장 공사를 하고 있다. 김치찌개나 볶음밥 같은 메뉴도 판매하고 있는데, 특히 김치찌개가 맛있다고 정평이 나 있다.

맛★★★★ 가격★★★ 서비스★★★ 한국 주류 가능
주소 102 Parnell Street, Dublin 1 번호 (01) 873-6666

❹ 해란강

본래는 한국 음식점이나 운영권이 중국인에게 넘어갔다. 때문에 최근에는 중화권 음식에 좀 더 매진하는 느낌이나, 한국 음식 맛이 여전히 좋아서 현지 한국인들이 많이 찾고 있다. 대표적으로 해물찜이 맛있으며, 볶음밥 수육이나 찌개류도 깔끔하고 괜찮은 편이다. 참고로 한국인 주방장은 일요일에 일을 하지 않으니, 제대로 한식을 즐기고 싶다면 일요일을 피해 가도록 하자. 밥을 별도로 주문해야 하는 점도 유의할 것. 주류 주문 시에는 기본 칩을 안주로 내어온다.

맛★★★★ 가격★★★ 서비스★★★ 한국 주류 가능
주소 45 carpel street, dublin 1 전화 (01) 874-8677

❺ 진달래

오픈한지 얼마 안 된 중국 음식점이다. 사장도 중국인이고 중국 음식을 주로 서빙하나 '진달래'라는 한국어 간판을 달고 몇 가지 한국 음식을

제공한다. 중국 요리사가 만
든 한국 음식이지만 맛은 꽤
좋은 편. 요리사 손이 큰 탓인
지 양도 많다. 볶음밥이나 덮
밥류를 판매하고 있는데, 그
중 소고기 비빔밥이 일품이

다. 점심시간 방문 시 5~6유로 내에 한 끼를 해결 할 수 있어 가난한 유
학생들에게 인기가 있다. 우리 입에 친숙한 탕수육 같은 중국식 메뉴도
함께 즐길 수 있다.

❻ 러브이스아트

한식으로 식사를 마쳤다면 커피 한 잔 하는 건 어떨까. 한국인 사장이
운영하는 카페 '러브이스아트'는 한성마트 근처에 있다. 예술적이고 아
늑한 인테리어로 잘 알려져 있는데, 실제로 벽면에 많은 그림이 걸려있
으므로 즐겁게 감상하도록 하자. 이 카페에서 판매되는 와퍼와 케이크
는 크게 달거나 기름지지 않아 한국인 입맛에 잘 맞는다. 커피 한 잔과
맛있는 디저트가 먹고 싶다면 이곳을 추천한다.

머리 어디에서 할까

아일랜드 생활이 길어지는 만큼 머리카락 길이도 길어진다. 덥수룩하고 지저분한 머리스타일을 고수하고 싶지 않다면 헤어숍 방문은 필수. 오랜 경험과 많은 지인들을 보고 내린 결론은 싼 가격만 보고 미용실을 고르면 절대 안 된다는 것! 미용실을 고르는데 가장 중요한 것은 많은 인종의 머리를 다뤄본 곳이나 한국인의 모질에 대한 지식이 충분히 있는 곳을 찾는 것이다. 한동안 모자를 뒤집어쓰고 생활하고 싶지 않다면 가격은 그 다음 문제다.

❶ Adam Hairdressing

아일랜드 현지인들 사이에서 꽤 인기있는 헤어숍으로 25년의 긴 전통을 자랑한다. 대체적으로 현지 헤어숍 서비스는 가격이 비싼 편이다. 인건비가 기본적으로 높기 때문에 그렇다. 그에 비해 이곳은 비교적 가격이 저렴하고 실력도 좋기로 유명하다. 드라이커트 서비스를 20유로에 받을 수 있다.

주소 112 Baggot Street Lower, dublin 1　**전화** (01) 661-1952

❷ 코리아나 헤어

실제로는 중국인이 운영하나 한국 스타일을 고수하는 덕분에 한국인들에게 꽤 인기가 많다. 최근에 한국인 직원을 고용하고 분점도 내는 등 몸집을 키우고 있다. 여자들

보다는 남자들에게 좀 더 인기가 많은 편. 커트를 잘 한다고 알려져 있다. 참고로 남성 커트는 12유로.

주소 4 Ryders row stewart hall, parnell street, dublin 1 **전화** (01) 873-5290

❸ 헤어코

사장과 직원 모두 한국인으로 미용업계에서 꾸준히 종사하던 경력 많은 스텝이 상주하고 있다. 한국에서만 구입할 수 있는 약품도 가지고 있기 때문에 펌이나 염색도 믿고 해볼 만하다. 한국에서 고수하던 스타일을 그대로 유지하고 싶다면 추천하고 싶다. 학생 할인이나 할인 시즌이 가끔 있으므로 참고해서 저렴한 가격에 좋은 서비스를 받아보자. 대기 시간이 길어질 수 있으니 예약을 해두는 것을 추천한다.

주소 128 church street, dublin 7 **전화** (01) 874-1055

아일랜드에서 잘 먹고 잘 사는 법

영표's Shopping　　나는 음식이나 주거 환경에 까다롭지 않은 편이다. 한국에서 자취생활을 할 때도 라면만 끓여먹으며 몇 년을 버티기도 했고, 여행을 다닐 때도 조그만 침대에 파스타와 샌드위치만 있으면 행복했다. 아일랜드에서도 그런 상황이 달라지지 않았다. 가끔 한식이나 아일랜드 음식 등 외식을 하기도 했지만, 주로 마트에서 장을 봐서 집에서 직접 해먹었다. 레스토랑에서 일하기 시작한 다음부터는 거의 대부분의 끼니를 가게에서 해결했으므로, 식비가 현저히 줄어들었다. 내가 주로 장을 보던 장소는 리들. 대부분의 상품이 저렴하면서 종류도 많아서 자주 이용했던 곳이다. 식비를 조금이라도 줄이기 위해서는 가게마다 어떤 상품이 저렴하게 판매되는지 확인하고 현명하게 쇼핑할 필요가 있다. 의류의 경우 페니스에서 구입한 저렴한 티셔츠 몇 벌을 제외하고는 거의 쇼핑을 하지 않았다. 생활용품은 유로숍에서 저렴하게 구입했으며, 한국 커뮤니티 사이트를 이용해서 영어책, 행거, 식탁 등을 구입하기도 했다. 또 한 가지 빼놓을 수 없는 것은 바로 술인데, 가끔 아이리시 펍에서 술을 마시며 분위기를 내는 것도 좋지만, 주류판매점(Off-License, 매장 내에서 술을 마실 수는 없다)에서 구입한 술로 가까운 사람들과 홈파티를 즐기는 것이 훨씬 더 저렴하다는 사실! 가게마다 가격도 조금씩 차이가 있고, 행사도 진행하는 경우가 있으므로, 이 역시 다양한 가게를 가보고 가격을 비교해보자.

　　　　과일을 좋아한다면 무어스트리트(Moor Street)로 가자. 더블린 시티에서 가장 과일을 싸게 파는 곳이다. 헨리스트리트(Henry Street)와 파넬스트리트(Parnell Street) 사이에 위치해 있는데, 매일같이 과일과 채소 장터가 펼쳐진다. 초록색 낡은 간판이 달린 팝스앤팝스(Pops and pops)라는 곳도 있는데, 매주 종류를 바꿔가며 과일을 싸게 판다. 가끔 들리면 득템이 가능하다.

혹 카페에서 아이스아메리카노를 먹고 싶다면 더블에스프레소를 시키고 얼음물을 한 잔 달라고 하자. 아일랜드에는 아이스아메리카노라는 메뉴가 존재하지 않기 때문에 주문 시 직원이 곤혹스러워하는 경우가 많다. 직원을 괴롭히고 싶지 않다면 그냥 얼음물에 에스프레소를 직접 따라서 마시면 된다. 목마른 날 사각 얼음이 가득한 시원한 아이스아메리카노가 당긴다면 고민하지 말고 이렇게 주문해서 즐기도록 하자.

나와 같은 피자 마니아들에게 행복한 정보 하나 알려주자면, 아일랜드에서는 피자를 정말 저렴하게 접할 수 있다. 웬만한 마트에서 냉동피자를 사서 냉장고 속 아무 재료나 툭툭 썰어 올려 오븐에 넣어보자. 2유로 안팎에 맛있고 근사한 피자를 먹을 수 있다. 또 시티센터에 스타피자(Star pizza)라는 가게가 있는데, 5유로에 피자 한 판에 칩스와 콜라까지 모두 먹을 수 있어서 어린 학생들에게 인기있는 핫플레이스다. 맛도 꽤 좋으니 한번 찾아가보자. 늦은 밤엔 십대들이 많으니 가급적 낮에 가는 것을 추천한다.

　　　아일랜드에 와서 생각보다 추운 날씨 탓에 옷이 필요하거나 단순히 쇼핑을 하고 싶다면 세일을 기다려보자. 여름세일, 크리스마스세일, 신년세일, 연말세일 등 다양한 세일이 우리를 기다린다. 운이 좋다면 정말 싼 가격에 좋은 물건을 손에 넣을 수 있다. 각 도시마다 있는 빈티지숍이나 벼룩시장 같은 곳을 잘 이용하는 것도 좋은 방법. 확률은 낮지만 가끔 싸고 괜찮은 가격에 가방이나 옷들을 구할 수 있다. 벼룩시장이나 빈티지숍은 약간의 에누리도 가능하니 갈고닦은 흥정 솜씨를 이때 발휘하는 것도 좋겠다. 또 새것이 아닌 중고물품을 사고 싶을 때 중고거래사이트(www.donedeal.ie)를 이용하면 여러 가지 저렴한 물품을 찾아볼 수 있다.

조금 여유가 생겨서 문화생활을 즐기고 싶다면 길에서 버스킹을 구경하는 것도 좋지만 티켓마스터(www.Ticketmaster.ie)에 가보자. 최신 뮤지션들의 공연이나 여러 행사들의 티켓을 팔고 있다. 잘 찾아보면 국내에서 보기 힘든 뮤지션들의 콘서트를 상대적으로 저렴한 가격에 즐길 수 있다.

<u>수정's Shopping</u>　　아일랜드에 온지 한 달쯤 되었을 때의 일이다. 나보다 먼저 아일랜드에 온 언니를 만나서 툭하면 우산이 부러져서 벌써 우산을 2개나 샀다며 비싼 우산 가격에 대해 불평을 했다. 그러자 언니는 테스코에서 6유로나 주고 우산을 사다니 정신이 나간 거냐며 2유로숍에 가면 1유로에 살 수 있다고 했다. 우산이 달랑 1유로라고? 충격을 받은 나는 다음날 바로 파넬스트리트에 있는 2유로숍에 갔고, 그곳에 있는 수많은 물건들과 1유로와 2유로 사이를 오가는 저렴한 가격을 보고 다시 한 번 충격을 받았다.

아일랜드의 2유로숍은 샴푸, 린스, 비누 등 생활용품뿐만 아니라 음료수, 과자 등의 음식들도 판다. 그러니까 쇼핑을 할 일이 있다면 무조건 2유로숍부터 둘러보길 추천한다. 예상치도 못한 물건을 예상치도 못한 가격에 만날 수도 있으니 말이다.

그리고 또 하나, 평소 커피를 즐겨 마시는 사람이라면 비싼 카페 대신 센트라(Centra) 내에 있는 셀프 커피머신을 이용하면 단돈 1.8유로에 일반 카페 못지않은 맛 좋은 아메리카노를 마실 수 있다. 데임스트리트(Dame Street)와 템플바(Temple Bar, 펍과 바, 레스토랑이 많은 거리)에 있는 센트라 카페에서는 5잔의 커피를 마시면 6번째 잔은 무료로 마실 수 있는 쿠폰제도 도입하고 있으니 잘 이용해서 생활비가 비싼 아일랜드에서 한 푼이라도 아끼도록 하자.

택배 찾기

아일랜드 생활을 하다 보면, 이것저것 한국에서 보내주는 물건들을 택배로 받을 일이 생긴다. 아일랜드는 택배서비스가 편리한 한국과 환경이 사뭇 다르므로 유의해서 소중한 물건들을 수령하도록 하자.

택배는 무조건 집에서 수령한다

아일랜드 택배는 처음 기사가 방문했을 때 부재중이라면 이후 다시 방문하지 않는다. 재방문 신청이 가능하긴 하지만 추가 비용이 꽤 나가는 편. 가급적 택배기사가 방문할 때는 외출하지 말거나 플랫메이트에게 대리 수령해달라고 부탁하는 것이 좋다.

한국에서 더블린까지 물건을 보내면 대체적으로 3~5일 정도 소요된다. 택배 발송 예정일에 대한 문자서비스가 전혀 없기 때문에 언제 택배가 올지 정확히 예상하기가 힘든 게 사실이다. 최대한 예상일을 맞추기 위해 운송장번호로 택배 위치를 조회해보자. 아일랜드 우체국 사이트(http://www.anpost.ie/AnPost)에 접속해 송장번호를 입력하면 배송 상태를 확인할 수 있다.

택배기사를 놓쳤다면 우체국으로

수령인이 부재중인 경우 택배기사가 쪽지를 놓고 가는데, 그 쪽지에 택배가 어느 지역 우체국에 보관되어 있는지 명시되어 있다. 이 경우 직접 그 우체국에 찾아가 택배를 수령하면 된다. 우체국에 갈 때 그 쪽지와 운송장번호, 신분증을 꼭 지참해 가도록 한다.

간혹 이런 쪽지마저 없는 경우가 있다. 큰 아파트에 사는 경우나 번화가에 사는 경우에 빈번하게 발생하는데, 크게 걱정할 필요는 없다. 아일랜드 우체국 홈페이지에서 내 택배가 어느 지역에 있는지 조회가 가능하다. 자세한 주소를 모르는 경우 직접 전화를 걸거나 인근 우체국에 가서 문의하면 된다. 우체국 방문 시에는 운송장번호와 신분증을 지참해가도록 한다. 아일랜드의 우체국은 대체적으로 외곽지에 위치하고 있기 때문에 꽤 긴 시간이 소요될 수 있다는 것을 염두에 두자.

카우치서핑
활용하기

카우치서핑은 여행객들끼리 서로 잠자리를 제공해주며 문화교류 및 서로의 여행을 도와준다는 취지로 만들어진 사이트(Couchsurfing.org)이다. 잘 활용한다면 세계 각지에서 아일랜드로 놀러온 여행객들을 만날 수도 있고, 내가 해외여행을 떠날 때도 큰 도움을 받을 수 있다.

일단 사이트에 가입하여 자신의 프로필을 작성해보자. 얼굴을 맞대기 전 서로를 알 수 있는 기본적인 자료가 되는 프로필이므로 최대한 정직하고 정성들여서 작성한다.

다음 단계는 호스팅이다. 더블린으로 여행을 오는 사람이 내 프로필을 보고 연락을 해오면 나는 '호스트'가 되고, 상대방이 '카우치서퍼'가 되는 것이다. 호기심을 가득 안고 온 여행객에게 더블린 시티를 구석구석 소개해준다든가, 기네스를 함께 마시며 담소를 나눠보자.

반대로 내가 카우치서퍼가 되어볼 기회가 생겼다면 마찬가지로 적극적으로 활용해보자. 아일랜드를 벗어나 여행을 할 예정이라면 여행지에 살고 있는 호스트를 먼저 찾아보자. 그 지역을 구석구석 잘 아는 현지인과 여행을 즐길 수 있는 시간을 가지게 될 것이다. 호스트가 바빠서

긴 시간을 함께 보내지 못하더라도 최소한 그 지역에서 어떤 식당이 제일 맛있는지에 대한 귀중한 정보 정도는 얻을 수 있다. 나를 초대해주는 호스트에게 감사한 마음으로 자그마한 선물을 준비해 가는 것을 추천한다.

카우치서핑 미팅에 참여해보는 것도 좋은 경험이다. 더블린에서는 매주 금요일마다 카우치서핑 미팅이 열린다. 카우치서핑에 관심이 있는 사람이라면 누구나 부담없이 참여할 수 있다. 세계 각지에서 찾아온 여행객과 아일랜드 현지인들이 뒤섞인 열정적인 담소 자리에 기네스를 한 잔 들고 어울려보자. 다들 반가운 얼굴로 맞아줄 테니까. 여행에 관한 정보, 카우치서핑에 관련된 재미있는 에피소드, 새로운 아일랜드 친구 등 즐거운 일들을 접할 수 있다.

마지막으로 카우치서핑을 통해 사람들을 만난 후 서로의 프로필에 추천서를 남겨보자. 많은 이들에게 긍정적인 의견이 담긴 추천서를 받게 된다면 그만큼 신용도가 올라가서 내가 서퍼가 되었을 때 좋은 호스트를 만날 기회를 얻을 수 있다.

최근 들어 규모가 커지면서 이용하는 사람들도 많아진 카우치서핑. 이때 적극 활용해야 하는 것이 본인의 촉이다. 추천서가 전혀 없거나 부정적인 추천서를 가진 사람에게는 경계심을 세워도 무방하다. 프로필과 추천서를 꼼꼼히 읽어보고 믿을 만한 사람인지 아닌지 가려내자. 세상에는 순수한 사람만큼 불순한 사람도 꽤 있으니까.

자원봉사
활동하기

아일랜드에는 꽤 많은 봉사단체가 적극적으로 활동하고 있다. 다양한 사람 만나기, 영어를 쓸 기회 만들기, 다양한 경험과 경력 쌓기 등 모든 조건을 충족시켜줄 수 있는 봉사활동을 적극적으로 활용해보자.

먼저 아일랜드 봉사활동센터 사이트(http://www.volunteerlouth.ie)에 등록을 한 후 자신이 관심있는 분야를 설정한다. 그러고 나서 봉사활동을 하고 싶은 지역을 찾아보자. 내가 사는 지역이나 관심사 등을 통해 직접 지원해보는 것이 가능하다.

직접 지원한 곳에서 피드백이 없다면 시내 곳곳에 위치한 봉사활동센터에 찾아가서 상담을 받아보는 것도 좋다. 자신의 관심 분야에 대해 이야기하면 원하는 직군에서 봉사활동을 시작할 수 있도록 친절하게 도와줄 것이다.

특히 아일랜드에서 직업을 찾고 있다면 봉사활동을 적극적으로 활용해보는 것을 추천한다. 실제 봉사활동을 하면서 쌓은 경험을 통해 직업을 얻는 현지인도 상당수에 이른다. 호텔 리셉셔니스트와 관련된 직업을 구하고 있다면 그와 비슷한 봉사활동을, 카페에서 일하고 싶다면 카페

봉사활동을 지원해보자. 많은 아이리시 고용주들이 한국에서의 경력보다 아일랜드 현지에서 일했던 경력을 높이 산다. 아일랜드에서의 봉사활동은 매력적이고 효과적인 경력 한 줄이 되어 줄 것이다. 봉사활동을 통해 얻을 많은 친구들은 덤!

우정에 국경은 없다

영표's Friend　　영어권 국가로 떠난 많은 사람들이 하는 질문은 어떻게 하면 현지인 친구를 사귈 수 있냐는 거다. 아일랜드에서 1년을 보냈는데 아이리시 친구가 하나도 없다고 하면 말도 안 된다고 할지 모르지만, 실제로 많은 이들이 겪는 상황이다. 어학원이나 파티에서 만나는 친구들도 주로 아일랜드에 영어공부를 하러 온 외국인들인 경우가 많다. 그럼 아이리시 친구는 어떻게 하면 사귈 수 있을까? 나의 경우 언어교환 프로그램을 활용하였다. 아일랜드에도 분명 한국문화와 언어에 관심을 가지고 있는 사람들이 있다. 이런 사람들과 언어교환 프로그램을 하면서 친분을 쌓는 것이다. 서로의 문화와 언어에 관심이 있기 때문에 친해지기 더욱 쉽다.

다른 방법은 일을 하면서 만나는 것인데, 전문적인 직장이거나 시티 외곽으로 갈수록 아이리시의 비중은 높아진다. 따라서 이런 곳에서 일자리를 구하게 된다면 자연스럽게 아일랜드 현지인들과 직장동료 겸 친구가 될 수 있을 것이다.

강조하고 싶은 말은 정말 아이리시 친구를 만나고 싶다면 아이리시 문화에 동화되라는 것이다. 아이리시 친구를 사귀지 못하는 많은 학생들의 문제점은 아일랜드에서 '아일랜드로 온 한국인'으로 살아간다는데 있다. 햇살 좋은 오전에는 개를 끌고 산책을 나간다거나, 주말 밤에는 펍에서 미친 듯이 술을 마셔보는 등 아일랜드문화를 즐기는 자체만으로도 아이리시 친구를 사귈 기회는 훨씬 늘어날 것이다.

다운's Friend　　많은 사람들이 그 나라 현지인 친구를 많이 사귀는 것을 기대한다. 나 또한 그랬다. 그러나 막상 부딪쳐보니 생각보다 너무 어려웠다. 처음에는 내가 영어를 너무 못하거나 성격이 내성적이어서 그렇다고 생각했다. 꽤 스트레스를 받던 어느 날 같이 일하는 아이리시 동료가 '사실 나 뉴질랜드에서 1년 살았는데, 그동안 친한 Kiwi(뉴질랜드인을 일컫는 별칭)는 한 명밖에 만들지 못했어'라고 고백했다. 같은 영어권이라 언어장벽이 없었을 그녀조차도 외국인으로서 현지인 사귀기란 그리 쉽지 않았던 것이다. 외국인이라는 특수성 때문에 현지인 친구를 사귀기는 누구에게나 어려운 숙제일 수밖에 없다. 그러므로 자신이 아이리시 친구를 사귀지 못한다고 해서 크게 자책하지 마라. 실제로 주변에서 현지인 친구들을 쉽게 만들었다는 경우는 보기 힘들었다.

나는 아일랜드 생활 초반에 어학원을 다니며 친구를 사귀었다. 학교에서는 친구를 한꺼번에 쉽게 만들 수 있었지만, 한편으로는 단발적으로 왔다가 고국으로 돌아가는 경우가 많아서 친구 관계를 오래 유지하기가 어려웠다. 후반기에는 일자리에서 새로운 사람들을 많이 만났다. 매일 보는 사이라 빨리 친해질 수 있긴 했는데, 직장 동료라는 특수성 때문에 정치적인 권력싸움에 휘말리는 게 나를 어렵게 만들었다. 이런 어려움 속에서도 운 좋게도 좋은 친구들을 몇몇 얻을 수 있었는데, 곰곰이 생각해보면 그 이유가 내 관심사를 공유해서가 아닌가 한다. 말을 많이 섞고 감정을 공유해야 친해지는데, 이야깃거리가 있어야 대화를 시작하기가 쉽다. 공통 관심사는 다른 사람과 관계를 맺는데 좋은 구심점이 되어 준다. 나는 사진과 그림을 좋아해서 그런 분야에서 일하거나 관심있는 친구들과 쉽게 친해질 수 있었다. 자신이 좋아하는 분야에서 부딪치며 사람들을 만나보자. 대화 주제는 마르지 않을 것이고, 공통 관심사는 친밀도를 높일 것이며, 대화가 많아질수록 영어실력은 쑥쑥 오를 테니 이거야 말로 일석삼조.

태광's Friend　　아일랜드에 와서 생각보다 친구 만드는 게 어렵다는 사실을 깨달았다. 나 같은 경우 학원도 짧게 다니고 처음 만나는 사람과는 이야기도 잘 하지 않는 편이어서 더 힘이 들었다. 일단 집을 구했다면 플랫메이트와 같이 노는 걸 추천한다. 굳이 술을 마시지 않아도 괜찮다. 하루가 어땠는지 가볍게 물어보는 걸로 시작하다보면 금방 친해지게 마련. 그게 아니면 '미트업(Meet up)'을 추천한다. 미트업은 일종의 동호회 모임이다. 여러 테마의 동호회 중에 자신의 관심사에 맞는 것을 선택해서 사람들을 만나고 취미를 공유할 수 있다. 나는 'Singing Meet up'과 'English conversation Meet up'에 갔었는데 특히 English Conversation Meet up에서는 여러 외국인 친구들을 만나 얘기를 할 수 있어서 즐거웠다. 새로운 사람들을 한꺼번에 많이 만나고 싶은 사람들에겐 좋은 모임이다. 하이킹이나 영화 혹은 음악 감상처럼 일반적인 취미활동 모임도 많이 있으니 한번쯤은 가보는 걸 추천한다.

개인적으로 나는 일하는 곳이나 집에서 친구들과 음식교환(Food Exchange)을 많이 했다. 음식 하는 것을 좋아한다면 이 방법도 추천할 만하다. 음식교환은 각 나라의 음식을 만들며 즐거운 식사시간을 가지는 작은 파티인데, 즐겁게 문화 교류를 하며 친구를 사귀기에 좋은 방법이다.

마지막으로 언어교환(Language Exchange)이 있다. 이는 내 언어와 상대방의 언어를 서로 가르쳐주는 유익한 프로그램이다. 다양한 사이트에서 찾을 수 있는데, 온라인의 특성상 의도가 불순한 사람이 접근할 수도 있으므로 그 사람의 프로필을 꼼꼼히 살피는 것은 필수다. 자신한테 맞는 방식을 잘 찾아보고 생활하다보면 친구는 자연스럽게 생길 것이다.

수정's Friend　　나의 경우는 외국인 친구들을 사귀기 위해 적극적으로 미트업을 나가거나 파티에 가본 적은 별로 없다. 대신 같이 일하는 동료들과 어울리거나 한국인 친구의 집에서 플랫메이트들과 친해지는 등 주로 지인을 통해 외국인 친구들을 사귀었다. 이때 동석한 외국인 친구들을 배려하여 한국인 친구끼리도 영어로 대화하는 것이 기본적인 예의라는 것을 염두에 두자. 이것은 내 개인적인 팁인데, 다양한 나라의 기본적인 표현을 외워두고 쓰는 것이다. 유창한 영어 백 마디보다 그 나라 인사 한마디가 외국인 친구를 사귀는데 더 효과적이기 때문이다. 아일랜드에서는 스페인 사람이나 같은 언어권 나라인 남미 사람들을 많이 볼 수 있는데, 이들에게 '안녕하세요(Hola, 올라)'나, '감사합니다(Gracias, 그라시아스)' 등 스페인어 인사말을 외워서 사용하면 간단한 표현임에도 불구하고 엄청난 호응을 보여준다. 맥주를 좋아하는 나는 새로운 나라 사람들을 만날 때마다 '맥주 주세요'라는 표현을 그 나라 언어로 배웠는데, 이 표현을 나중에 그 나라 사람을 만났을 때 사용하니까 열이면 열 모든 사람들이 정말 좋아하더라. 우리나라 말을 하는 외국인들을 만나면 신기하고 더 친근감을 느끼는 것처럼, 어느 나라나 그 나라 문화에 관심이 있는 사람을 싫어하는 사람은 없다.

그 어느 곳보다 활발한 만남의 장이 되곤 하는 셰어하우스에서는 맥주 두세 캔 정도는 냉장고에 항상 구비하고 있는 것도 강추! 개인적으로 아일랜드에서 외국인 친구를 사귀기에 같이 맥주잔을 부딪치는 것만큼 좋은 방법은 없는 것 같다.

다음은 내 블로그에 올린 글인데, 어느 스페인 친구의 집에서 열린 하우스파티에 참석한 뒤에 쓴 것이다. 실제로 이곳에서 사람들과 어울리는 한 단면을 잘 보여줄 수 있을 거라고 생각해 소개한다.

> **2013년 11월 17일**
>
> 아일랜드에 온 지 100일째 되는 날! YAY!!
> 오늘은 코크 오페어 모임에서 만난 스페인 친구 페드로네 집에서 하우스파티가 있다고 해서 다른 오페어 친구들과 함께 페드로네 집에 갔다. 아일랜드에서 대부분의 하우스파티가 그렇듯 우린 각자 마실 술을 알아서 챙겨 갔는데, 한국인인 내 친구는 얼마 전 한국에서 택배로 받았다는 소주를 한 병 들고 나타났다. 신난 그 친구와 나는 외국인 친구들에게 한국 전통술이라고 친절하게 설명을 해주면서 소주를 권했는데, 맛을 본 애들은 하나같이 인상을 찌푸리면서 소주의 쓴 맛에 혀를 내둘렀다. 덕분에 나와 내 친구만 신나게 소맥까지 말아가며 소주를 마셨고, 내친김에 외국인 친구들에게 한국의 술 문화와 술 게임을 가르쳐주기로 했다. 자기보다 나이가 많은 사람에게 술을 따를 때는 공손하게 두 손으로 따라야 한다는 것, 술을 받을 때도 역시 두 손으로 받아야 한다는 것, 술을 마실 때는 고개를 돌리고 마셔야 한다는 것 등

한국의 술 문화를 알려주니 다들 신기해하면서 우리가 서로 술을 따라주는 것을 보고 자기들끼리 따라하기도 했다. 한국의 술 게임 중 하나인 '만두 게임'을 알려주고 다같이 게임을 했을 때는 이미 우리가 파티 분위기를 좌우하고 있었다.

그렇게 즐겁게 술도 마시고 게임도 하면서 하우스파티는 성황리에 마무리되었고 집에 가기 아쉬운 소수의 인원들은 코크 시티센터에 있는 펍으로 2차를 가기로 했다. 그렇게 우리가 간 곳은 코크에서 매우 유명한 펍 중 하나인 올리버 플렁켓(Oliver Plunkett). 오늘은 특히나 라이브 공연이 정말 좋아서 술은 한 잔도 마시지 않고 무대 앞에 서서 넋 놓고 공연만 구경했다.

공연이 끝나고는 집에 가기 위해 펍을 나왔는데 길거리에서 음악을 틀어놓고 사람들이 춤을 추고 있었다. 처음에는 마냥 신기하고 웃겨서 멀리서 사진을 찍으면서 구경만 했는데. 어느새 춤추는 사람들 사이에서 누구보다 열심히 춤을 추는 나를 발견했으니……. 아일랜드 사람들도 참 우리나라 사람들 못지않게 흥이 많은 것 같다! 그렇게 우리는 난리나는 토요일을 보냈다 :-)
Que no pare la fiesta! Don't stop the party!

일자리 구하기의 모든 것

워킹을 하자

아일랜드에 워킹홀리데이비자 또는 학생비자로 오는 사람들이 가장 많이 하는 질문은 당연히 '어떻게 일을 구할 수 있을까?'이다. 아일랜드에서 구직이 쉽다고 말할 수는 없다. 정작 자국민도 일자리를 구하기 힘들어하는 것이 아일랜드 취업시장의 현실. 하지만 열심히 노력하면 불가능한 일도 아니니 지레 겁먹지는 말자. 일의 목적은 생활비 또는 여행경비를 마련한다는 것도 있지만, 더불어 영어로 일하는 경험을 해본다는데 의의가 있다.

아일랜드에서 일을 하기 위해서는 아일랜드에서 체류가 가능한 GNIB와 합법적으로 일을 할 수 있는 PPSN, 주급을 받을 은행계좌가 준비되어야 하니 일자리를 구하기 전에 이런 기본적인 일들부터 마무리해두자. 그럼 본격적으로 아일랜드에서 어떻게 하면 일을 구할 수 있는지 알아보도록 하자.

어떤 일을
해야 할까

아일랜드에 도착하고 나면 빨리 일을 구해야겠다는 생각에 아무거나 닥치는 대로 지원을 하는 경우가 상당히 많은데, 아무리 일을 구하는 게 어렵고 다급하다고 해도 실제로 그 일을 맡았을 때 자신이 감당할 수 있을지 곰곰이 따져보는 게 중요하다. 기껏 구한 일자리를 도저히 견딜 수 없어 며칠 만에 그만둔다면 자기 자신에게도 큰 손해가 아니겠는가. 여러 분야의 직종을 살펴보고 자신에게 잘 맞는지 장단점을 따져보자. 가령 레스토랑에서 풀타임으로 일한다면, 따로 식비를 지출하지 않고도 식사를 해결할 수 있는 장점이 있는가 하면, 펍에서 일하게 된다면 맛있는 기네스를 매일 즐길 수도 있다. 농담처럼 들리겠지만 녹록치 않은 직장생활에서 이런 소소한 즐거움이라도 있다면 한결 잘 견딜 수 있는 원동력이 된다.

외국인의 입장에서 언어가 유창하지 않다면 아무래도 할 수 있는 일에 제한이 있기 마련이다. 하지만 어떤 일을 하든 소중한 경험이 된다. 지피지기면 백전백승이라고 하지 않던가. 과연 아일랜드에서 내가 할 수 있는 일자리는 어떤 것들이 있는지 미리 알아보고 준비해보자.

오페어(Aupair)

오페어란 현지 가정에서 아이를 돌봐주는 대가로 숙식 또는 일정량의 급여를 받는 일을 말한다. 함께 거주하는 'Live-in' 형태와 따로 사는 'Live-out' 형태가 있다. 보통 숙식을 제공하기 때문에 다른 직업에 비해서 급여는 주당 120유로 내외로 그렇게 많지 않은 편이다. 아일랜드 가정의 문화를 직접 체험할 수 있고, 실생활 영어 향상에도 도움이 되는 직종이다. 경우에 따라서는 어학원에 대한 지원까지 받을 수 있다. 일과 여가시간의 경계가 모호하다는 단점이 있긴 하지만, 아이를 좋아하는 사람이라면 정말 최고의 직업이 아닐 수 없다.

아일랜드 오페어는 오페어월드(www.aupairworld.net), 또는 오페어아일랜드(www.aupairireland.com) 사이트에서 구할 수 있다.

다음은 저자(수정)가 오페어로 일하던 당시 블로그에 올린 글이다. 일반적인 오페어의 하루가 담겨 있으니 참고하자.

더블린에서 코크로 이사를 와서 오페어로 생활한 지도 어느새 3주째! 하지만 아직도 아이리시 가족들과 함께 생활을 하면서 오페어라는 직업으로 산다는 게 낯설기만 하다. 오늘도 아이들 방이 더럽다고 아침부터 호스트 맘에게 혼이 나서 외국인 노동자의 서러움을 잠시 느꼈다. 그래도 내가 잘못한 건 잘못한 거니까 조심해야지 하고 마음을 달랬다. 그 이후로는 별 다를 거 없는 평범한 오페어의 하루였다.

7:00 기상

7:30 아이들 깨우기&옷 입히기

8:00 아침 준비&아이들 이 닦게 하기(내가 어릴 때 그랬듯이 얘네들도 이 닦는

걸 싫어한다)

　　　비타민 챙겨주기&가벼운 아침 먹기(아침은 주로 토스트나 시리얼로 해결한다)

8:55 스쿨버스 정류장까지 아이들 데려다주기(집에서 걸어서 5분 거리)

9:30 집안일 시작(1시간 30분~2시간 소요)

　　　부엌 바닥 쓸고 닦기&설거지(식기세척기로 돌리기도 한다)

　　　빨래&마른 빨래 개서 아이들 방에 갖다 놓기

　　　놀이방 바닥 쓸기&장난감 정리

　　　거실 바닥 쓸기&소파 정리

　　　아이들 방바닥 쓸고 닦기&정리

　　　아이들 옷 다림질 하기(주로 교복이다)

(집안일은 주로 아이들 뒤치다꺼리를 하는 건데 애들이 온 집안을 휩쓸고 다니는 덕분에 그냥 집 전체를 청소하는 것과 다름없다. 그리고 오늘 애들 방을 청소해보니 진짜 더럽긴 더러워서 아침에 아줌마한테 혼나고 잠시 기분 나빴던 게 싹 사라졌다. 하하)

11:30~15:00 점심&자유시간

(아침, 저녁은 주로 호스트 맘이 양식으로 준비해주셔서 점심은 항상 그리운 한국음식을 해먹는다. 한국에 있을 때도 기숙사에서만 살고 자취는 한 번도 해보지 않아서 요리가

익숙하지 않지만, 그래도 요즘 항상 내가 밥을 해먹다보니 요리 실력이 많이 늘었다.)

15:15 저녁 준비&아이들 데리러 나가기

(우리 집은 3시 반에 저녁을 먹고 9시쯤 서퍼(야식)를 가볍게 먹는다. 저녁은 별 거 없고 보통 호스트 맘이 미리 요리해 놓은 음식을 전자레인지에 데우거나 감자튀김 혹은 피자 같은 걸 오븐에 넣으면 끝!)

16:30 스티븐(둘째) 숙제 도와주기

(숙제하는 데 10분, 숙제하자고 설득하는 데 30분ㅆ)

17:00 설거지&벗어놓은 교복 정리하기&아이들 점심 도시락 싸기

(빼먹은 일 없나 체크하고 부엌과 거실 다시 한 번 정돈하기)

17:30 자유시간

(엄밀히는 자유시간이지만 대부분 스티븐과 놀아주거나 호스트 맘과 그날 있었던 일 등에 대해 이야기를 나눈다.)

19:00 서퍼&진짜 자유시간

아, 그리고 오늘은 스티븐이 학교에서 이가 빠졌다며 빠진 이를 가지고 왔는데, 치아 요정(Tooth fairy)을 위해 베개 밑에다 놓고 잘 거라고 했다. 첫째 케이티는 이제 치아 요정은 존재하지 않고 엄마, 아빠가 돈을 준다는 걸 알고 있는데, 둘째 스티븐은 아직까지도 치아 요정이 있다고 믿는 모양이다. 방금 전에 빠진 이를 소중하게 들고 2층에 있는 자기 방으로 올라갔는데 그 모습이 정말 귀여웠다.

이상 평범하지만 훈훈한 오페어의 일기 끝.

웨이터/웨이트리스(Waiter/Waitress)

레스토랑이나 펍 등에서 음식을 서빙하고 고객 서비스를 하는 직업이다. 따라서 레스토랑에서 일해 본 경험이 있다면 도움이 된다. 손님과 의사소통이 가능해야 하므로 기본적인 회화실력이 요구되며, 커피 및

와인에 대한 지식이 있으면 조금 더 유리하다. 다른 직업에 비해 팁으로 받는 부수입도 쏠쏠한 편이다.

바리스타(Barista)

레스토랑이나 카페 등에서 커피를 만드는 사람으로, 커피전문점에서 일했던 경험이 있거나 바리스타 자격증이 있다면 많은 도움이 된다.

바텐더(Bartender)

바에서 칵테일을 제조하는 사람을 일컫는데, 직업의 성격상 손님들과 많은 얘기를 나눠야 하기 때문에 의사소통 능력이 필수이다. 마찬가지로 손님들과 대화를 자주 나누면서 회화 능력 향상에 많은 도움이 된다. 중급 이상의 영어실력이 갖추고 있는 사람이 더 유창하게 영어를 할 수 있게 되고 싶다면 추천할 만하다. 다만 주로 밤늦게까지 일하는 경우가 많아 생활패턴이 바뀌는 것을 감수해야 하고, 여러 사람들을 상대해야 하는 만큼 사교적인 성격이 아니라면 쉽지 않다.

키친포터(Kitchen porter)

키친포터는 레스토랑 및 펍의 주방에서 접시를 닦거나 주방 보조의 역할을 하는 사람으로, 기본적인 체력이 요구되므로 주로 남자들이 찾게 되는 직업이다. 많은 경험이 요구되지 않고 수준 높은 영어 수준을 요구하지도 않기 때문에 비교적 구하기 수월한 직업에 속한다.

셰프(Chef)

레스토랑에서 음식을 만들거나 소스를 제조하는 일을 하는데, 관련 경험이 있다면 유리하다.

델리 보조(Deli assistant)

미리 조리된 고기, 치즈, 통조림 등 조제식품을 판매하는 델리에서 음식을 준비하고 판매하는 직업으로, 편의점 및 카페 등에서 많이 모집하므로 수요가 많은 편이다.

보조 판매직(Sales assistant)

상점에서 물건을 판매하는 일인데, 고객을 상대해야 하기 때문에 기본적인 의사소통이 가능한 영어 수준을 가지고 있어야 하며 적극적인 성격이 필요하다. 주로 옷 가게에서 많이 모집하지만, 약국, 스포츠숍 등 직종 범위는 넓은 편이다.

청소부(Cleaner)

마트, 관공서, 공원 등을 청소하는 직업이다. 하루 2~3시간 청소하는 파트타임이 많은 편이어서 투잡으로 삼아도 좋다.

하우스키퍼(Housekeeper)

호텔, 가정집 등에서 방 정리, 청소 등을 하는 직업이다.

압착기 담당원(Presser)

세탁소에서 압착기로 옷을 다리거나 그와 관련된 일을 하는 직업이다. 아일랜드에는 세탁소가 많은 편이라 다림질한 경력이 있다면 도전해볼 만하다.

리셉셔니스트(Receptionist)

어학원, 호텔 등의 리셉션에서 일하면서 해당기관의 정보를 안내해주는 역할을 한다. 전화 통화가 가능할 정도의 영어실력이 필요하고, 간단한 워드프로세서 및 스프레드시트의 작업 능력을 요구하기도 한다.

이외에 IT, 디자인 등 전문적인 기술을 가지고 있고 영어실력이 된다면 전문직종에서의 계약직도 노려볼 수 있다.

효율적인
구직활동을 위한 팁

본격적으로 취업 전선에 뛰어들기에 앞서 일자리를 구하는데 도움이 되는 몇 가지 요소들을 살펴보자.

취업에도 성수기가 있다

아일랜드에서 일을 구할 때 대부분 레스토랑이나 펍, 카페 등에서 찾게 되기 때문에 가게가 장사가 잘 되는 시기를 노려야 한다. 크리스마스 시즌인 10월부터 12월, 혹은 여름휴가 시즌이 최고조라고 할 수 있고, 봄학기(3, 4, 5월)와 가을학기(9, 10, 11월) 시즌도 성수기다. 반면 1, 2월은 전체적으로 가게가 조용하며, 3월을 대비해 리모델링에 들어가는 곳도 많다. 한편으로는 12월 이후 일을 그만두는 사람들이 많아서 새로운 기회가 될 수도 있는 시기이다.

경험은 나의 힘

구인을 하는 입장에서 구직자가 이력서를 내면 가장 주목해서 보는 부분이 바로 경험의 유무이다. 단순한 서빙 일이라고 해도 여기서는 하나

의 직업으로 인정받으므로 그에 걸맞은 경험과 전문성이 필요하다. 앞
서 언급한 직업군에 따라 기본적인 경험 등은 한국에서 쌓아두면 분명
도움이 된다.

언어장벽을 무시할 수는 없다

리셉션이나 웨이터는 말할 것도 없고, 청소나 주방에서 일을 할 때도
영어는 필수다. 의사소통에 아무 문제가 없는 수준이면 더할 나위 없이
좋겠지만, 그랬다면 아일랜드에 오지도 않았을 터. 한국에서 기본적인
회화수준을 만들어 놓으면 좋겠지만, 그렇지 않다면 현지에서 어학원
을 다니며 어느 정도 회화실력을 향상시킨 후에 일을 구하는 것도 하나
의 방법이다.

주변 사람들을 활용하자

일을 구하기 시작할 때는 지인들에게 구인활동을 하고 있다고 말해두
자. 가까운 사람들에 의해 일자리를 얻게 되는 경우도 상당히 많다.

때로는 운도 능력이다

아무 생각 없이 들어갔던 가게에서 매니저를 만나 얘기를 하다가 다음
날 바로 트라이얼(trial, 실기면접) 기회를 얻게 되는가 하면, 길거리에서
만난 사람이 일을 추천해주기도 하는 등 객관적으로 정의하기는 어렵
지만, 아일랜드에서 일을 구할 때 어느 정도 운도 따라줘야 한다는 사
실은 분명하다.

지역별로 공략하라

시티센터에 많은 가게가 밀집되어 있고 그만큼 뽑는 인원도 많지만, 그

만큼 구직자가 집중되는 곳이기도 하다. 때로는 오히려 외곽에 있는 곳이 시급이 좀 더 높고, 일을 구하기 수월할 수도 있다. 자신이 사는 곳의 지도를 하나 구해서 지역별로 계획을 세워보자. 여기서는 더블린 상권을 분석해 보았다.

스파이어 주변	더블린의 랜드마크인 첨탑 스파이어(The Spire) 인근 지역에서 헨리스트리트 주변은 옷가게가 많이 밀집된 상업지역이다. 파넬스트리트에는 중국 및 한인 가게가 많으며, 탈보트스트리트(Talbot Street) 및 오코넬스트리트(O'conell Street)에는 다양한 레스토랑도 위치하고 있다.
템플바 주변	템플바는 외국인들이 많이 찾는 아이리시 펍 거리로 상당수의 레스토랑과 펍이 밀집되어 있는 곳이다. 리피 강을 따라서도 많은 레스토랑 및 카페가 위치하고 있으며, 인근의 데임스트리트와 조지스트리트도 번화가이다.
그라프톤스트리트 주변	그라프톤스트리트(Grafton Street)는 버스킹으로 유명한 더블린의 주요 거리로, 영화 〈원스〉의 촬영지이도 하다. 옷 가게가 많은 편이다. 스테판 공원(St. Stephen's Green)으로 연결되는 메인거리뿐 아니라 윌리엄스트리트사우스(William Street South)로 연결되는 여러 길마다 다양한 음식점이 밀집해 있어서 일자리를 구하기 좋은 장소이다. 배고트스트리트(Baggot Street) 역시 레스토랑, 카페, 펍 등 상권이 꽤 발달한 지역.
라스마인 주변	캠든스트리트(Camden Street)를 따라 쭉 이어진 상권을 지나 위치한 한인들이 많이 살고 있는 라스마인(Rathmines) 지역은 스완스포츠센터를 중심으로 상권이 발달해 있다.
던드럼쇼핑센터	더블린에서 가장 큰 쇼핑센터가 있는 던드럼(Dundrum). 쇼핑센터에 있는 모든 가게를 대상으로 CV를 돌릴 수 있다는 장점이 있다. 다양한 직업군을 모두 포함하는 곳이기도 하다.
블랜차즈타운	블랜차즈타운(Blanchardstown)은 폴란드인들이 많이 거주하는 지역으로, 블랜차즈타운 쇼핑센터 등 이들을 대상으로 하는 상업지역이 발달한 곳이다.

CV, 본격적인 구직활동의
첫걸음

내가 구하고 싶은 직업을 정했다면 다음은 그 직업에 맞는 CV를 작성할 차례다. CV란 'Curriculum Vitae'의 줄임말로 쉽게 말해 이력서를 뜻한다. 가게에서 직접 매니저를 만나지 않는 이상 CV는 나를 대표하는 얼굴과 다름없으므로 한눈에 보기 쉽고 깔끔하게 만드는 것이 중요하다.

다음은 실제로 더블린에서 구직활동을 한 태광의 CV이다. 보다시피 CV는 번잡하고 많은 항목들이 필요하지는 않다. 비자 상태, 연락처, 관련 직종에서 일한 경험 등 꼭 필요한 정보들만 넣어도 당신의 CV는 10점 만점에 10점.

그렇다면 CV에 꼭 들어가야 하는 항목들과 필요하지 않은 항목들에는 어떤 것들이 있을까?

Carl Taegwang Yoo

Profile

Birth : 10/02/1989
Mobile : 083) 177 9392
Address : 86A Benburb street, Smithfield, Dublin 7
Visa Status : Working Holiday Visa (1 YEAR)
Nationality : Republic of Korea
E-Mail : bluesea99@naver.com

Education

03/2077~12/2013 Namseoul University Korea (leave of absence)
Major : Tourism Management

Work Experience

09/2013~01/2014 Kitchen Assistant, Busyfeet & coco cafe, Dublin
 -Making salad and food, Cleaning, Cleaning the kitchen, washing
 the dishes and cutlery Serving a food
05/2011~06/2013 Hall Waiter, Outback Steak House, In Seoul
 -Assisting of Chef, Cleaning the kitchen, washing the dishes
11/2010~06/2011 Cleaner and floor staff, Beer garden, Seoul
 -cleaning the floor, Serving a food, pick up the glasses
03/2008~09/2010 Kitchen assistant, in the NAVY Military service
 -Cooking Korean food and Handling ingredients

Languages

Korean (Mother tongue)
English (Upper-Intermediate)

Virtues

Outgoing, Kind, Energetic Person
Very high service skill
Diverse Experience
Very Fast Learn new skills

I'm ready to work right now.
I'm look forward to meeting you soon.

개인정보(Personal Information)

일단 기본적인 신상정보가 필수적으로 들어가야 한다. 이름, 주소, 연락처, 메일주소 등 개인정보를 기입하자. 간혹 미처 핸드폰 개통을 하지 않아서 메일주소만 쓰는 사람들이 있는데 메일주소만 가지고 일을 구할 확률은 굉장히 희박하다. 꼭 핸드폰을 개통한 뒤 당당히 아일랜드 핸드폰 번호가 적힌 CV를 완성하자.

비자 상태(Visa Status)

다음으로 중요한 것인 본인의 비자이다. 워킹홀리데이비자는 주당 40시간, 학생비자의 경우는 학기 중에는 20시간 근무가 허용되므로 학생이라면 파트타임을, 위홀러라면 풀타임이 가능하다. 2015년 1월 1일 법 개정 이전에는 어학연수생이라도 방학에는 40시간 풀타임으로 일할 수 있었는데 2015년부터는 5월, 6월, 7월, 8월, 12월 15일부터 1월 15일까지의 기간으로 제한된다. 또한 아일랜드 내의 인증을 받은 어학원에만 등록이 가능해진다.

자신이 일의 비중을 얼마나 잡을 건지 미리 계획해두는 것도 중요하다. 대부분의 점주들이 지원자가 풀타임으로 일할 수 있는지, 혹은 파트타임으로 일할 수 있는지 알고 싶어 하므로 자신의 비자 상태에 맞춰 희망 업무형태를 표기해두자.

워킹홀리데이의 경우 다양한 비자 종류 중 'Stamp 1' 비자이다. 간혹 일부 점주들이 워킹홀리데이비자(Stamp 1)를 잘 알지 못해 비자에 대해서 자세히 물어볼 수도 있다. 그럴 때는 워킹홀리데이 증서를 보여주면서 당당하게 풀타임으로 일할 수 있는 비자(permitted to work full-time hours)라고 설명하면 된다.

경력(Work Experience)

이 부분이 바로 매니저들이 가장 주의 깊게 보는 항목이다. 아일랜드 현지에서 일한 경험이 있다면 당신의 CV는 완벽 그 이상이겠지만, 아일랜드에서 일한 경험이 없더라도 한국에서 관련 직종에서 일한 경험이 있다면 가장 최근에 일한 곳부터 쓰면 된다. 보통은 왼쪽에 일한 기간과 포지션을, 오른쪽에는 일한 곳과 자신이 주로 담당한 일들을 쓰는 것이 깔끔하고 한눈에 보기도 쉽다.

아래 정리한 직업별 업무에 대한 영어표현을 참고해서 자신의 경력을 기술하자.

- 웨이터/웨이트리스 : Taking orders(주문 받기), Serving foods(서빙), Making teas and coffees(차나 커피 만들기), Operating the till and taking cash(계산대에서 돈 받기)
- 키친포터 : Washing dishes manually/by using dish washer(손/식기세척기로 설거지하기), Sweeping and mopping the kitchen floor(부엌 바닥 쓸고 닦기)
- 오페어 : Taking children to school and bringing them back(아이들 등하교 도와주기), Cooking meals, snacks and refreshments for the children(요리하고 간식거리 준비하기), Tidying up the children's room(아이들 방 청소하기)
- 청소부 : Tidying(정돈하기), Brushing(빗질하기), Mopping(걸레질하기), Emptying waste bins(쓰레기통 비우기)

기술(Skills)

미용사나 바리스타, 바텐더 등 특별한 자격증이 있다면 자격증 소지여부를 적으면 되고, 특별한 자격증이 없다면 할 줄 아는 언어를 적으면 된다. 언어실력에 따라 Native(모국어/원어민 수준), Advanced(상급), Intermediate(중급), Basic(초급)으로 구분하고, 사용 가능한 언어를 Korean/English/Japanese 등으로 적으면 된다.

학력(Educational History)

사실 이 부분은 대학교나 대학원에서 정말 특별한 학문을 전공하지 않은 이상 별로 중요하지 않다. 일한 경력과 마찬가지로 왼쪽에 기간을, 오른쪽에 학교와 전공, 학적 상태를 적으면 된다.

성격(Personality)

CV를 작성할 때는 본인의 성격을 양심적으로 정말 솔직하게 쓰기보다는 최대한 긍정적으로 쓰는 것이 좋다. 예를 들어 낙천적이다(optimistic), 상냥하다(friendly), 열심히 일한다(hard working), 팀워크가 좋다(team player), 시간을 잘 지킨다(punctual), 신뢰할 만하다(reliable), 배우려는 의지가 있다(keep to learn), 빨리 능숙해진다(fast learner) 등 누가 봐도 고용하고 싶은 사람으로 나의 성격을 묘사하자.

개인정보부터 성격까지 위의 모든 것들을 충족시켰다면 당신의 CV는 완벽하게 완성이 되었다. 자, 이제 완성한 CV를 프린트해서 거리로 나가자. 잘 작성한 CV보다 더 중요한 것은 웃는 얼굴과 지치지 않는 열정이다. 겁내지 말고 일하고 싶은 가게 문을 열고 들어가 'Hi, how are you?'라고 인사부터 건네자. 두드리는 문의 수만큼 당신이 일을 구할 확률도 높아질 테니까.

이제는 실전이다

CV도 작성했고, 일을 구하기 위한 여러 가지 요소들도 살펴봤다면, 이제 정말 본격적으로 구인활동에 나설 때이다. 아일랜드에서 일을 구하는 방법은 크게 3가지가 있다.

온라인 지원-가장 쉽고 빠르다

아일랜드 내 구인구직 사이트는 잡스(www.jobs.ie), 검트리(www.gumtree.ie), FAS(www.fas.ie), 3곳이 가장 대표적이다. 각 사이트에서 여러 검색조건에 따라 일자리를 찾아보고 지원할 수 있다. 온라인 지원의 가장 대표적인 방법은 이메일이다. 그러나 직접 전화를 걸거나 발품을 팔아 찾아갈 수도 있다. 구직활동을 할 때는 수시로 채용사이트에 접속해서 공고를 확인하자. 특히 월요일은 가장 많은 구인광고가 업데이트 되는 날이다.

방문 지원-직접 발품을 팔아보자

실제로 CV를 들고 가게를 돌아다니면서 지원을 하는 방법으로, 인터넷으로 공고를 확인한 가게를 방문하거나 'Wanted'가 붙은 가게에 들어가 CV를 제출하는 등 다양한 가능성이 있다. 이럴 때는 최대한 적극적으로 자신을 어필할 필요가 있다. 경우에 따라서는 두세 번 방문하여 눈도장을 찍는 것도 효과적이다.

가게에 들어갈 때는 가장 기본적으로 인사말과 함께 'Do you have any staff vacancies?'(혹시 직원 필요하지 않으세요?)나 'I am looking for a job.'(일자리를 구하고 있어요.)으로 시작하는 편이 자연스럽다.

일을 구할 가능성과 CV를 돌린 양은 비례하므로, 최소한 100장의 CV는 돌리겠다는 마음가짐으로 구인활동에 임하자. 이때 인사권은 매니저 또는 보스에게 있으므로, 일반직원 외에 이들을 만나서 자신을 소개한다면 일을 구할 확률은 좀 더 높아진다.

추천 지원-인맥을 총동원하자

지인이 일자리를 소개해주는 경우에도 CV는 제출해야 되고 트라이얼을 거친 후에 정식으로 채용되는 경우가 많지만, 아무래도 일을 구할 확률은 다른 방법에 비해 더 높다. 따라서 앞서 설명했듯이 구인활동을 시작하기 전에 주변 지인들에게 일을 구하고 있다는 것을 적극적으로 알릴 필요가 있다.

인터뷰 & 트라이얼
마지막 관문

열심히 CV를 돌린 뒤에 인터뷰나 트라이얼을 하러 오라는 연락을 받았다면, 먼저 수고한 자신에게 박수를 쳐주자. 하지만 방심은 금물. 점주와 매니저들에게 인터뷰와 트라이얼은 당신이 함께 일할 직원으로서 자질이 있는지 없는지를 평가하는 아주 중요한 단계다. 따라서 이날은 최상의 컨디션으로 인터뷰와 트라이얼에 임하도록 하자.

인터뷰는 보통 5분에서 10분 사이로 아주 짧게 이루어진다. 매니저는 당신에게 관련 직종에서 일한 경험이 있는지, 비자 상태는 어떤지, 얼마나 일할 수 있는지 등 간단한 질문들을 주로 물어볼 것이다. 이렇게 예상하기 쉬운 질문들은 미리 답변을 생각해놓고 막힘없이 영어로 대답할 수 있어야 한다. 왜 여기서 일하고 싶은지, 혹은 궁금한 점은 없는지 등 조금 더 어려운 질문들을 물어볼 때에도 떨지 말고 자신감 있게 대답하도록 노력해보자. 수많은 구직자들을 봐온 매니저들에게 10분은 당신의 영어실력이 어느 정도인지, 일에 대한 열정이 어느 정도인지 가늠하기에 충분한 시간이다. 그러니 최대한 준비된 모습을 어필하며 일하고 싶다는 열정을 보여주자.

당신의 열정이 매니저에게 전해졌다면 곧 트라이얼의 기회를 얻을 수 있을 것이다. 트라이얼(trial)이란 정식으로 채용되기 전 무급으로 일하면서 업무를 배우는 과정으로 보통 2일에서 4일 정도가 소요된다. 웨이터/웨이트리스라면 일할 때 보통 흰색(혹은 검정) 셔츠에 검은 바지, 검은 신발을 신어야 하므로 미리 준비해놓는 게 좋다.

트라이얼에서 하는 일은 직업군마다 다르겠지만, 이번이 아니면 다신 없을 기회라고 생각하고 최선을 다해 일하는 것이 중요하다. 수능을 준비하는 고3 수험생처럼 새로 배우는 것들을 머릿속에 열심히 집어넣고, 그날 배운 것은 잊지 않도록 집에 가서도 끊임없이 복습하자. 모르는 일이라고 멍 때리고 있는 것은 금물, 바쁘지 않다고 가만히 서있는 것도 절대 금물이다. 선배 직원들이 일하는 모습을 눈여겨보고 열심히 따라하며 매니저에게 좋은 인상을 심어주자. 뭐든 시키지 않아도 알아서 척척 잘 하는 사람은 어딜 가나 사랑 받기 마련이니까.

다음은 저자(영표)가 직장을 구했을 무렵 블로그에 올린 글이다. CV 지원부터 트라이얼을 거쳐 직업을 구한 과정이 잘 드러나있어 소개한다.

2013년 9월 1일.

I got a job!!!
드디어 일을 구했다!!!
'그날이 오면, 삼각산이 일어나 더덩실 춤이라도 추고 리피 강 물이 뒤집혀 용솟음칠 그날이 아일랜드 생활 끝나기 전에 와주기만 한다면.' 소망했던 나날들이 주마등처럼 내 머릿속을 지나갔다. 처음 공고를 본 것은 바로 직업고용센터인 FAS에서였다. 좋은 영어실력과 경험이 있다면 좋지만, 경험이 필수는 아니라는 말만 보고 지원해보기로 마음먹었다.

Step 1. 메일로 지원

화요일 저녁에 장문의 커버레터와 간절한 마음을 담은 CV를 메일로 같이 보냈다.

Step 2. 현장 지원

왠지 메일로 보내는 건 경쟁력이 없을 것 같아서 수요일 아침, 직접 CV를 들고 세탁소를 찾아갔다. 내가 살고 있는 서머힐(Summerhill)에서 도보로 1시간가량 걸리는 거리인데, 관광용 더블린 지도 밖으로 걸어갈 만큼 멀리 있는 곳이었다. 조심스럽게 가게에 들어가 말을 꺼냈다.
"I sent my CV on the internet. But, I come here to give my CV directly."
나를 신기하게 쳐다본 아주머니는 내 이름을 물어보더니 공책에 적었는데, 그 옆에 CV가 무수히 쌓여있는 것이 보였다. 아니나 다를까, 지원자가 많으니 검토해보고 연락을 주겠다는 아주머니의 말. 멀리까지 와서 현장 지원을 했지만, 그래도 취업의 길은 멀게만 느껴졌다.

Step 3. 셔츠 세탁 맡기기

목요일, 이번에는 검은 셔츠를 들고 다시 한 번 가게를 찾았다. 이번에는 알바생이 있었는데, 셔츠 세탁을 맡기며 사실은 어제 CV를 내러 왔었고 일을 꼭 하고 싶다며 나의 이름을 기억해달라는 말을 남기고 돌아섰다. 알바생이 나의 이름을 다시 한 번 읊으며, '그래! 기억할게!'라고 말한 것이 뭔가 긍정적으로 느껴졌다.

Step 4. 셔츠 찾으러 가기

금요일, 셔츠를 찾기 위해 또 다시 세탁소를 들렸다. 이번에는 온몸에 문신을 한 사장과 어제의 알바생이 같이 있었다. 영수증을 보여주고 셔츠를 찾으러 왔다고 했더니 사장은 나를 한 번 훑어보더니 호탕하게 웃으며 말했다.
"Are you looking for a job?"

나의 대답은 "To tell the truth, Yes!"

다시 한 번 크게 웃은 사장은 이력서를 한번 읽어보더니, 몇 가지 질문을 했다. 그렇게 간단한 즉석 인터뷰(?)가 끝나고 나서 알바생 안나에게 다림질을 배울 시간을 가질 수 있었다. 1시간 가량이었지만, 열심히 배우려는 내 모습에 보스와 안나는 흐뭇하게 고개를 끄덕였고, 토요일에 트라이얼을 할 수 있는 기회를 얻게 되었다! 나중에 들은 보스의 말로는 셔츠를 맡기면서까지 구직활동을 하는 내가 굉장히 영리해 보여서 보기 좋았다고 했다.

Step 5. 트라이얼

인터뷰를 보고 돌아온 날 다림질 동영상도 검색해보고, 인터넷에서 다림질에 관한 여러 가지 노하우가 적힌 글도 찾아봤다. 그리고 다음날 아침, 긴장된 마음에 잠도 제대로 못자고 일찍 세탁소로 향했다. 준비물은 반팔 티셔츠와 물, 그리고 점심용 샌드위치. 토요일 하루 종일 안나와 함께 다림질을 했는데, 티셔츠, 바지, 드레스, 재킷에 이르기까지 거의 모든 종류의 옷을 다려야만 했다. 그렇게 트라이얼을 끝내고, 보스 칼은 내가 열심히 하는 모습이 만족스러웠다며 나에게 일을 주겠다고 했다. 안나는 옆에서 박수를 쳐줬고, 칼도 흐뭇하게 미소를 지었다. 고맙다며 악수를 몇 번이나 했는지 모르겠다. 결국 그렇게 나는 일을 구했다!

Step 6. 뒷이야기

마지막 계획이었던 '세탁된 검은색 셔츠를 입고 가서 애원하기'는 실행에 옮기기 전이었지만, 결국 일을 구했다! 나의 일자리 구하기 성적은 100전 1승 1무 98패. 100장이 넘는 CV를 돌렸고, 2번의 트라이얼 기회를 가졌고, 그중 하나의 기회를 잡았다. 얼마나 많이 실패하느냐는 일을 구하는데 그다지 중요한 항목은 아닌 것 같다. 중요한 건, 결국에는 일을 구했다는 사실이니까. 아무튼, 오늘은 아일랜드 생활 중 가장 행복한 날이다.

세금을
내야 한다

아일랜드에서 합법적으로 일을 구했다면 일정의 세금을 내야 한다. 일반적으로 달마다 급여를 받는 사무직(Office job)과는 달리 카페나 레스토랑 같은 시간제 노동자를 쓰는 가게들은 주마다 급여를 지불한다. 급여를 받게 되면 이에 맞춰 세금을 내게 되는데, 세금의 기준에 따라 세율이 조금 다르다. 복잡하게 아일랜드의 세법을 설명할 필요는 없고, 다만 크게 이머전시택스(Emergency Tax, 긴급세)와 노멀택스(Normal Tax, 보통소득세)가 있다는 점만 기억해두자.

이머전시택스 vs. 노멀택스

아일랜드는 일하는 직장과 시간에 비례해서 일정 세금을 떼는데, 처음 직장을 구했다면 이머전시택스라고 해서 일반적으로 떼는 노멀택스보다 세금을 많이 내게 된다. 그 이후에 세금증명 신청을 하면 일반 택스 상태로 변경되고, 이때부터는 세금도 덜 내고 그동안 이머전시로 낸 세금은 원하는 때 돌려받을 수 있다.

이머전시택스에서 노멀택스로 변경하는 방법은 다음과 같다.

❶ 아일랜드 세금담당부서(www.revenue.ie)에서 자신이 사는 곳과 가까운 택스오피스(Tax office, 세무서)를 확인한다.

❷ 택스오피스를 직접 방문하거나 홈페이지를 통해 서류(Form12A)를 받은 후 작성한다.

❸ 페이슬립(pay slip, 급여명세서)을 받았다면 가게의 세금등록번호를 확인할 수 있다. (그 외에 가게 주소나 시간제 여부는 오너나 매니저에게 문의한 후 작성한다.)

❹ 세무서의 우편함에 넣거나 담당자에게 직접 서류를 내면 1~2주 내에 택스 상태가 변경된다.

자주 사용하는 세금 관련 용어들

❶ P60 : 연말에 자신이 얼마를 벌었는지, 그리고 세금은 얼마를 냈는지 정산해서 인터넷 파일 혹은 종이로 받아볼 수 있는 서류이다. 연말이나 연초에 가게에서 받을 수 있다. 만약 환급받을 수 있는 세금이 있다면 택스오피스에 가서 신청하면 은행계좌나 체크로 받을 수 있다.

❷ P45 : 일을 그만뒀을 경우 전 직장에서 받아볼 수 있는 세금 관련 서류이다. 세금 환급, 실업 보조금, 다음 직장 제출 등 다양한 용도로 쓰인다.

❸ P50 : 세금 환급을 위한 서류. 아일랜드에서 더 이상 일을 하지 않고 귀국할 예정이라면 P45를 참고하여 P50을 작성하자. 보통 제출한 후 최대 4주 안에 세금 내용을 환급받을 수 있다.

❹ PRSI : 'PAY Related Social Insurance'의 약자로 사회보험세이다.

❺ USC : 'Universal Social Charge'의 약자로 IMF 이후 정부에서 걷고 있는 일반사회세이다.

❻ PAYE : 'Pay As You Earn'의 약자로 자신의 소득의 일부분을 세금

으로 내는 일반적인 소득세이다.

세금 관련 용어들 가운데 가장 중요한 것 중 하나가 P50이다. 세금 환급에 관해 흔히 잘못 알고 있는 몇 가지 오해에 대해 알아보자.

- 출국 전 최소 4주 전에 신청해야 세금 환급이 가능하다.
- 본인이 직접 서류를 작성해야 한다.
- 세금센터 직원에게 직접 서류를 전달해야 한다.
- 세금 환급까지 최소 4주가 걸린다.

위의 내용들은 모두 사실이 아니다. 실제로 이런 오해들 때문에 세금 환급을 받지 못하고 출국하는 사람들을 많이 봤다. 지레 포기하지 말고 제대로 알고 준비하면 적지 않은 돈을 환급받을 수 있다.

우선 출국 일자와 서류 제출 일자는 무관하니 출국을 코앞에 앞두고 있더라도 P50을 제출하도록 하자. 만약 본인이 제출하지 못하는 상황이라면 지인에게 부탁해도 무관하다. 서류 제출 방법은 직접 직원에게 전달하는 방법과 서류 제출함에 넣는 방법 2가지가 있으므로 타인을 통해 제출할 경우 2번째 방법을 이용하도록 하자.

세금 환급까지는 공식적으로 약 4주라고 명시되어 있지만, 경우에 따라서는 며칠이면 마무리되기도 한다. 그러나 만약의 상황을 대비하여 계좌를 닫지 않고 출국하기를 권장한다. 4주 안에 환급 금액 내용을 고스란히 계좌를 통해 받아볼 수 있다.

나만의 구직 노하우가 있다

영표's Job　　아일랜드에서 2차례 구직활동을 했고, 그 과정에서 5번의 트라이얼을 했으며, 그중 3군데에서 일을 했다. 물론 일을 구하는 방법에는 여러 가지가 있겠지만, 내가 가장 중요하게 생각하는 건 바로 '노력'이다. 사실 아일랜드 생활이 어느 정도 적응되고 주변에 인맥이 형성되기 시작하면, 지인의 소개를 통해서 일자리를 구하는 건 그리 어려운 일은 아니다. 하지만 아무런 연고도 없고, 관련 직종 경험이 많은 것도 아니며, 영어 실력이 뛰어나지 않은 상황이라면? 그런 와중에 첫 일자리를 구한다는 것은 정말 쉽지 않다. 바텐더나 바리스타는 경험이 없으면 바로 티가 나기 때문에 CV에 거짓말로 적을 수도 없다. 결국 나는 웨이터, 키친포터 2종류의 CV를 만들어서 정말 '미친 듯이' 돌리기 시작했는데, 실제로 첫 구직활동에서 돌린 CV만 해도 100장은 넘는다.

처음에는 아무것도 모르고 막연히 마음에 드는 가게에 들어가서 CV를 주고 나오기 급급했으나, 요령이 쌓일수록 매니저를 직접 만나서 한두 마디 더 주고받기도 하는 등 점점 구직활동에 능숙해졌다. 여기서도 약간의 전략적 공략이 필요한데, 가게가 한가하면서도 매니저가 있는 시간을 노려야 한다. 점심시간에 카페나 식당을 방문하거나 저녁 10시쯤 펍에 방문한다고 생각해보자. 매니저 혹은 직원들은 이미 수많은 손님들을 상대하고 있는 상황이고, 별로 중요하지도 않은 구직자들에게 눈길을 돌릴 여유 따윈 없을 것이다. 내가 생각하는 황금 시간대는 월요일 오전 12시 이전까지와 해당 가게의 영업이 마치기 1시간 전인데, 바로 이 시간이 매니저가 주로 가게의 정산을 위해서 남아있으면서도 손님이 많지 않아 비교적 한가한 때이다.

다음으로 강조하고 싶은 것은 바로 '눈도장'이다. 구직활동을 위해 길거리를 돌아다녀보면 알겠지만, CV가 든 파일을 들고 가게를 이리저리 기웃거리는 구직자들을 어렵지 않게 만날 수 있다. 실제로 보통 가게에 들어오는 CV는 하루 10장이 넘고, 구인광고를 붙여놓았을 경우에는 50장이 넘기도 한다. 이러한 상황에서 갖추어야 하는 경쟁력은 바로 '눈도장'이다. 나의 경우 인터넷으로 구인광고를 확인하고 지원을 한 후 항상 직접 찾아가서 다시 한 번 CV를 냈다. 매니저를 만나지 못한다면 근무시간을 물어봐서 재방문하는 식으로 눈도장을 찍을 수도 있다. 도시 외곽의 경우 조금 더 경쟁률이 낮아 확률이 높다는 사실도 알아두자. 지성이면 감천이라고 했던가? 유비가 제갈량을 얻기 위해서 시도했던 삼고초려의 정신은 아일랜드 구직활동에도 적용되는 이야기이다!

다운's Job   나는 여기서 일을 구할 만한 스펙(?)이 아무것도 없었다. 원래 하던 분야에서 전문직종을 얻자니 영어가 턱없이 부족했고, 카페나 웨이트리스를 하기에는 알바 경험이 거의 전무하다시피 했다. 게다가 아이들을 좋아하지 않아서 그에 관한 경험이 없었기 때문에 오페어도 너무 멀게 느껴졌다. 남들처럼 내세울 경험이나 강점이 전혀 없던 나는 정말 바닥에서 차근차근 시작해야 했다.

먼저 어떤 일을 하고 싶은지 생각했다. 순진하고 단순하게도 유럽에서 커피 만들며 한량처럼 앉아 일을 하면 얼마나 행복할까 하고 생각했다. 그런 이유로 카페에서 일을 하기로 목표를 정했다. 그리고는 봉사활동으로 운영되는 카페에 찾아가 CV를 냈다. 그리고 무보수로 일을 하며 어떻게 커피를 만드는지 차근차근 배우며 경력을 쌓았다. 그렇게 현지에서 일한 경력 한 줄이 꽤 경쟁력을 높여주었다. 많은 사장들이 현지 경력을 높게 산다고 들었는데, 실제로 CV를 넣었을 때 매니저들이 이것저것 질문을 하며 관심을 보여주었다.

나는 결국 지인의 소개로 공항 카페에서 일자리를 얻었다. 지인에게 받은 매니저의 메일주소로 내 CV를 보냈고, 매니저는 다음날 트라이얼 기회를 주었다. 나는 그날

내 모든 에너지를 쏟아부었고, 트라이얼이 끝나자마자 바로 풀타임 잡을 구할 수 있었다. 물론 지인의 도움이 크긴 했지만, 내 CV가 흥미롭지 않았거나 바리스타에 대한 이해가 부족했다면 긍정적인 반응을 기대하기 힘들었을 것이다.

이곳에서 지내는 동안 한국에서 오래 일한 알바 경력을 가지고도 아일랜드에서 일자리를 구하기 힘들어 하는 경우를 종종 봤다. 무작정 준비 없이 뺑튀기한 CV를 돌리다가 실력이 뽀록나서 고배를 연거푸 마시는 경우도 봤다. 경력이 있는데도 일자리를 구하기 힘들다면 봉사활동을 통해 현지경력을 쌓아보자. 경험이 전혀 없어서 걱정이라면 봉사활동을 통해 많은 것을 배우자. 현지 경력 한 줄과 준비된 경험은 일자리를 구하는데 큰 힘을 보태줄 것이다.

수정's Job　　나의 경우 오페어와 웨이트리스 일을 모두 해봤기 때문에 이 2가지 일을 구하는 노하우를 알려주려고 한다. 먼저 오페어의 경우 다른 무엇보다 아이들을 정말 좋아한다는 점을 계속 어필하는 게 중요하다. 보통 리브인(live-in) 오페어를 하게 되면 이사를 하기 전에 직접 만나서 인터뷰를 하거나 나처럼 스카이프를 통해 인터뷰를 하게 되는데, 이때 최대한 밝은 표정과 웃는 얼굴로 묻는 질문에 최대한 성실히 대답하고 호스트 가족이 질문이 있냐고 물어볼 때는 반드시 아이들에 대한 질문을 적어도 한 개는 하는 것이 좋다. 예를 들어 아이들이 좋아하는 활동은 무엇인지, 음식은 어떤 걸 좋아하는지 등을 물어볼 수도 있다. 그러면 호스트 가족도 이 사람이 정말 우리 아이들에게 관심이 있구나, 생각하게 되고 가족들에게 좋은 인상을 심어줄 수 있다.

다음으로 웨이트리스 같은 경우 나는 트라이얼을 할 때 본인이 얼마나 경험 있는 웨이트리스인지를 보여주는 것이 정말 중요하다고 생각한다. 예를 들어 내가 레바논 레스토랑에서 트라이얼을 했을 때 이틀 정도 다른 웨이트리스와 함께 트라이얼을 했는데, 그 웨이트리스는 일도 허둥지둥 하고 일을 끝내고 나서는 뭘 해야 할지 몰라 우왕좌왕 하는 모습에서 경험이 없다는 게 무척 티가 났다. 여기서 내가 하고 싶은 말은 웨이트리스가 되기 위해서는 웨이트리스 경험이 많아야 된다는 것이 아니라 경험이 많은 것처럼 보여야 한다는 것이다. 손님을 대할 때는 최대한 자연스럽게,

손님의 안부도 묻고 음식은 어떤지 물어보면서 여유로운 웨이트리스의 모습을 보여주자. 기회가 된다면 웨이트리스 경험이 있는 지인에게 접시를 여러 개 드는 방법이나 와인을 따는 방법 등을 배워가는 것도 좋다. 그리고 누군가가 시키지 않아도 매니저나 다른 선배 웨이트리스들이 하는 것을 보고 눈치껏 알아서 할 일을 찾아 한다면 당신의 트라이얼은 100퍼센트 성공할 것이다.

태광's Job　　한국에서 취사병을 하고 패밀리레스토랑에서 웨이터로 2년 넘게 일한 나의 경우 이 경력을 극대화시키는 것에 중점을 두고 주로 키친과 웨이터의 일을 구하러 다녔다. 내가 주로 썼던 전략은 총 4가지였다 첫 번째는 일단 CV를 최대한 많이 돌리는 것이고, 두 번째는 내 경력에 대해서 확실하게 말을 하고 어필하는 것이었다. (홀과 주방 경력이 있으므로 어떤 시스템인지, 어떻게 일을 하는지 알고 있다고 열심히 설명했다.) 세 번째는 당장이라도 일을 할 수 있다고 말하는 것이었다. 마지막 네 번째는 직원을 언제 뽑을 것인지 확인하고, 매니저를 최대한 만나려고 노력하는 것이다. 간단해 보이지만 처음에는 정말 순탄치 않았다. 부족한 영어에 매장에 들어가기 전에 몇 분씩 고민하기 일쑤였고, 들어가서도 의기소침한 태도와 딱 봐도 어디서 외워온 듯한 영어 문장만 중얼거려 별로 깊은 인상을 남기지 못했다. 하지만 이런 나도 벼랑 끝에 몰리니 더블린 전역에 숱하게 CV를 뿌리기 시작했다.

CV를 돌릴 때는 최대한 깔끔한 복장으로 방문했다. 언제든지 준비가 되어 있다는 마음으로 하얀 셔츠와 검은 바지를 입고 간 적도 있었다. 그리고 항상 웃는 낯으로 인사를 하며 CV를 돌렸고, 나중에 돌릴 곳이 없어지자 이미 돌린 곳을 다시 돌며 언제 직원을 뽑을 예정인지, 매니저랑 얘기는 해볼 수 있는지 물어보며 다시금 나의 각오를 보여주곤 했다.

내가 생각할 때 일을 구할 때 필요한 건 자신감, 영어, 경력, 그리고 시기이다. 하나라도 가지고 있다면 당신은 언젠가는 일을 구할 수 있다. 나의 경우에는 경력과 시기가 잘 맞아떨어졌는데 구인광고를 보고 들어갔을 때 사장이 바로 있었다. 그가 나에게 경력을 물어봤을 때 나는 경력이 있다고 말하고 오늘부터라도 당장 일할 수 있다고 대답했다. 덕분에 다음날부터 바로 트라이얼을 할 수 있었고 약 3일간의 트라이얼과 트레이닝을 거친 후 시간이 많다는 걸 적극적으로 어필하며 일을 구할 수 있었다.

자신이 일을 구하려는 분야에 경력이 있다면 최대한 극대화시켜서 CV 혹은 인터뷰에 어필하라. 영어를 잘한다면 매니저나 스태프에게 적극적으로 말을 걸고 스피킹이 뛰어나다는 걸 보여주면 훨씬 좋다. 자신의 비자 상태를 어필하는 것도 좋다. 온지 얼마 되지 않았고 오래 일할 수 있다는 걸 확실하게 말하면 그들에게 믿음을 심어줄 수 있을 것이다. 영어를 잘 하지 못한다면 일단 기회를 얻는 걸 첫 번째 목표로 생각하자. 그리고 보통 일하는 곳에서 쓰이는 영어 문장을 조금 익혀간다면 알아듣고 이해하는데 큰 도움이 될 것이다.

처음부터 능숙하게 CV를 돌릴 순 없다. 돌리다보면 자신만의 노하우가 생길 것이고, 계속해서 고쳐나가고 계획을 수립하다보면 언젠가 당당히 일을 하고 있는 자신을 보게 될 것이다.

영어가 그냥
늘지는 않는다

영어실력은
책상 밖에서 자란다

단순히 여행이 아닌 다양한 경험과 영어실력을 닦기 위해 왔다면 효율적인 영어공부 방법은 필수! 아일랜드는 영국의 오랜 식민지 기간을 거치면서 기존의 게일어(Gaelic)와 영어를 공용어로 쓰기 시작했다. 아이리시 영어는 자국어의 억양과 뒤섞이면서 독특한 발음과 억양을 가지고 있는데, 한때 세계에서 가장 섹시한 발음으로 선정되기도 했다. 그런데 '1~2년 아일랜드에서 머무르며 이것저것 하다보면 아이리시처럼 영어를 쓸 수 있겠지' 하고 막연하게 생각하는 중이라면 마음 단단히 고쳐먹어야 한다. 1~2년이 생각보다 긴 시간도 아닐뿐더러, 언어라는 학문은 책상 밖에서 적극적으로 부딪치고 뛰어다녀야 비로소 얻을 수 있기 때문이다. 그러니 아일랜드에 머무는 동안 최대한 많은 상황에 본인을 노출하며 효율적으로 시간을 활용하자. 열심히 공부해서 귀국 비행기를 타기 전에 섹시한 아일랜드 억양으로 친구들에게 굿바이 인사를 할 수 있을 정도는 돼야 하지 않겠는가.

어떤 영어를
배울 것인가

아일랜드에서 영어공부를 하겠다고 마음먹었다면 구체적으로 어떤 코스를 공부할지 미리 결정하고 오는 게 일반적이다. 일반영어(General English)에서 토익(TOEIC)이나 토플(TOFEL), 테솔(TESOL) 등 다양한 어학과정이 있으니 자신이 관심있는 분야가 무엇인지, 어떤 과정이 필요한지 잘 살펴보자.

일반영어(General English)

어학원을 등록하면 가장 기본적으로 수강하게 되는 코스로, 듣기(Listening), 말하기(Speaking), 읽기(Reading), 쓰기(Writing), 총 4영역을 전반적으로 배울 수 있는 과정이다. 수업은 실력에 따라 Beginner, Elementary, Pre Intermediate, Intermediate, Upper Intermediate, Advanced로 나뉘는데, Intermediate 이전까지는 일반영어를, 이후부터는 비지니스영어를 다룬다. 주기적으로 이루어지는 레벨테스트에 의해 자신의 실력을 검증 받을 수 있고 다음 단계를 향한 동기를 부여 받을 수도 있지만, 3개월 이상 같은 레벨의 수업을 수강하게 되면 다소 지루함을 느낄 수도 있다.

GE 코스는 전반적인 영어공부뿐만 아니라 많은 학생들과 교류할 수 있는 기회가 많다는 장점도 있다. 수업이 끝나고 친구들과 커피 한 잔을 마시거나 펍에서 기네스를 마시며, 자연스럽게 회화연습을 해보자.

토익(TOEIC)

토익(TOEIC, Test of English for International Communication)은 상업 및 국제적 공용어로서의 영어숙달 정도를 측정하는 시험으로, 북미지역 및 우리나라에서 많이 인정받고 있다. 듣기&읽기(Listening&Reading), 말하기&쓰기(Speaking&Writing), 이렇게 2가지 시험으로 구분되어 있는데, 특히 듣기&읽기 영역의 경우 우리나라 대학생이라면 누구나 응시해본 경험이 있을 정도로 보편화되어 있다.

토플(TOFEL)

토플(TOEFL, Test Of English as a Foreign Language)은 미국, 캐나다, 호주, 영국 등 영어권 국가에서 대학이나 대학원을 입학할 때 영어를 모국어로 하지 않는 학생이 영어로 수업을 받을 수 있는지를 평가하는 시험이다. 듣기(Listening), 문법(Grammer), 읽기(Reading), 쓰기(Writing), 말하기(Speaking) 등 5가지 영역을 테스트하며, 학문적인 단어 수준과 문법 및 작문이 포함되어 있다는 점 때문에 토익보다 어렵다고 인식되는 편이다. 토익과 마찬가지로 우리나라 대학생들에게 많이 보편화되어 있는 시험이기도 하다.

테솔(TESOL)

테솔(TESOL, Teaching English to Speakers of Other Languages)은 영

어를 모국어를 사용하지 않는 사람을 대상으로 영어를 가르칠 수 있
는 자격을 부여해주는 과정이다. 'Certificate 4' 과정을 이수하고 나면
TKT(Teaching Knowledge Test) 시험을 통해, 캠브리지대학으로부터
자격증을 받게 된다. 어학연수를 떠나는 학생들이 마지막 과정으로 많
이 듣는 편이다.

국제영어능력시험(IELTS)

아이엘츠(IELTS, The International English Language Testing System)는
'General'과 'Academic', 2가지 타입으로 나뉘며, 듣기(Listening), 읽
기(Reading), 쓰기(Writing), 말하기(Speaking), 총 4영역을 평가하여 성
적에 따라 등급을 받게 된다. 유럽권의 대학에 진학할 때 활용도가 높
고, 매달 시험이 있어서 일정을 조절하기도 쉬운 편이다. 캠브리지 시험
과 더불어 아일랜드에서 가장 보편화된 시험이기도 하다.

캠브리지(Cambridge)

캠브리지대학에서 주관하는 시험으로, 말하기(Speaking), 읽기
(Reading), 듣기(Listening), 쓰기(Writing), 문법(Use Of English)의 5가
지 영역을 평가하며, 유럽의 표준등급에 따라 A1, A2, B1, B2, C1, C2
까지 6가지로 단계로 분류된다. A1이 가장 낮고 C2가 가장 높은 수준
이다. 흔히 A1, A2, B1은 고등학교 수준 이하로 분류되므로 실질적으
로 응시하는 건 B2인 FCE(First Certificate in English)부터다.

아일랜드는 학생비자를 받기 쉽고 다른 영어권 나라에 비해서 어학원 가격이 저렴하다는 이점 때문에 유럽, 남미, 아시아 등 다양한 지역에서 어학연수를 오는 학생들이 점점 증가하고 있다. 수요가 늘면 공급도 느는 법. 최근 아일랜드에 많은 어학원이 생겨난 덕분에 자신의 취향에 따라 어학원의 분위기, 시설, 가격 등을 선택할 수 있는 폭도 넓어졌다. 현지에 오기 전에 어학원을 정해야하는 학생비자의 경우라면 인터넷으로 꼼꼼하게 어학원의 가격 및 시설 등을 사진과 후기를 통해 살펴보고 결정하도록 하자. 이미 현지에 도착한 워킹비자나 여행자라면 직접 본인의 눈으로 수업 분위기를 파악하는 것이 가능하므로 그 이점을 살려보도록 하자.

보통 유럽 학생들이 방학을 가지는 여름시즌이 어학원이 가장 붐비는 때다. 유럽권 친구들을 많이 사귈 수 있다는 장점이 있으나 대신 수업 분위기가 다소 산만해질 수 있다는 게 흠이다. 반면에 겨울은 학생 수가 매우 적다. 그래서 어학원마다 프로모션을 하는 경우가 많다. 따라서 이 시즌을 잘 노리면 매우 저렴한 가격에 학원등록을 할 수 있다.

다음의 표는 더블린과 그 외 지역의 대표적인 어학원들을 몇 군데 정리한 것이다. 이외에도 많은 어학원이 있으니 온라인이나 국내 유학원 등을 통해 최대한 많이 알아보도록 하자. 각 어학원의 사이트 및 전화번호는 구글에서 '(지역명)+english+language+school+college'로 검색하면 확인할 수 있다.

더블린	
Alpha college(www.alphacollege.com) 주소 4N Great George's St, Dublin 1, Ireland　전화 (01) 874-7024	
Atlas(atlaslanguageschool.com) 주소 Portobello College, Dublin 2, Ireland　전화 (01) 478-2845	
DCU(www.dcu.ie) 주소 9 Collins Ave, Dublin 9　전화 (01) 700-5673	
Delfin(www.delfinschool.com) 주소 2 Parnell Square E, Dublin 1, Ireland　전화 (01) 872-2037	
Emerald(www.eci.ie) 주소 10 Palmerston Park, Rathgar, Dublin 6　전화 (01) 497-3361	
EID(www.englishindublin.com) 주소 54 Merrion Square S, Dublin, Ireland　전화 (01) 661-3788	
Horner School(www.hornerschool.com) 주소 40 Fitzwilliam Street Upper, Dublin 2, Ireland　전화 (01) 662-2911	
Kaplan(www.kaplaninternational.com) 주소 7 Lower Exchange St, Temple Bar, Dublin 8, Ireland　전화 (01) 672-7122	
NED(http://www.ned.ie) 주소 40 Dominick Street Lower, Dublin, Ireland　전화 (01) 878-3047	
SEDA(www.sedacollege.com) 주소 68-72 Capel St, Dublin 1, Irealnd　전화 (01) 473-4915	
U-Learn(www.ulearn.ie) 주소 97 St Stephen's Green Dublin 2, Ireland　전화 (01) 878-7339	

코크	
ACET(www.corklanguagecentre.ie) 주소 Wellington Road, Co. Cork, Irelan　전화 (21) 455-1661	
CEA(www.corkenglishacademy.com) 주소 Clarkes Bridge House, Hanover Street, Cork, Co. Cork, Ireland 전화 (21) 427-6012	
CEC(www.corkenglishcollege.ie) 주소 Saint Patricks Bridge, Cork, Ireland　전화 (21) 455-1522	
CEW(www.cew.ie) 주소 Bishop St, Cork, Co. Cork, Ireland　전화 (21) 432-0005	
UCC(www.ucc.ie) 주소 Block a O'Rahilly Bldg, O'Rahilly Bldg, College Rd, Cork., Co. Cork, Ireland 전화 (21) 490-2043	

골웨이	**Atlantic Language Galway**(www.atlantic.ac) 주소 Fairgreen House, Fairgreen Road, Galway, Ireland 전화 (91) 566-053 **GCI**(www.gci.ie) 주소 House Salthill, Galway, Ireland 전화 (91) 863-100 **Galway Language Centre**(www.galwaylanguage.com) 주소 The Bridge Mills, Bridge Street, Galway, Ireland 전화 (91) 566-468
리머릭	**Limerick Language Centre**(www.englsih-in-limerick.com) 주소 16 Mallow Street, Limerick, Ireland 전화 (61) 415-292 **HSI**(www.hsi.ie) 주소 3 Quinlan Street, The Crescent, Limerick, Ireland 전화 (61) 481-248 **Our Words**(www.ourwords.ie) 주소 Unit 4, An D n, Church Rd, Limerick, Ireland 전화 (85) 738-1554

영어도 배우고 친구도 만들고

언어교환(Language Exchange)은 서로 배우고 싶은 언어에 대한 도움을
주는 유용한 방법이다. 한국어를 배우고 싶어 하는 아이리시 혹은 외국
인과 '한국어-영어' 언어교환을 해보자. 언어교환의 장점은 서로의 부
족함을 알고 도움을 주는 관계이기 때문에 어학공부뿐 아니라 친구를
사귀기에도 좋다는 것이다. 단어 혹은 간단한 회화, 나아가 작문 점검
등 자신의 수준에 맞게 언어교환 프로그램을 진행하면 된다.
언어교환 프로그램을 접할 수 있는 몇 가지 방법을 살펴보자.

언어교환 사이트

온라인을 통해 언어교환 상태를 찾을 수 있다. 대표적인 사이트는
'Conversation Exchange(www.conversationexchange.com)'와
'Shared Talk(www.sharedtalk.com)'이다. 먼저 CE 사이트는 간단한
회원가입으로 언어교환 상대를 찾을 수 있는데, 배우고 싶은 언어와 가
르쳐주고 싶은 언어 및 지역까지 구체적으로 선택할 수 있다는 장점이
있다. 즉, 아일랜드에서 한국어-영어 언어교환을 하려면, 한국어를 배

우고 싶어 하면서 아일랜드에 거주하는 다른 영어권 국가 사람을 검색하면 된다. 한편 ST는 실시간 채팅이 활성화되어있는 사이트로, 자신의 모국어와 배우려는 언어를 선택해서 검색하면 전 세계에 이에 해당되는 사람이 검색된다.

공공도서관 프로그램

더블린 아일락(Ilac) 쇼핑센터 2층에 공공도서관이 있는데, 매일 다양한 주제로 언어교환이 진행된다. 일반적인 언어교환과 달리 다수 대 다수로 진행되며, 기본적 언어는 영어가 되는 경우가 많다. 이처럼 자신이 거주하고 있는 도서관에서 운영하는 프로그램을 찾아보는 것도 좋은 방법이다.

더블린 공공도서관에서 진행되는 언어교환 프로그램 시간표는 다음과 같다. 관심가는 분야가 있다면 참여해보자.

언어	시간
Italian	Mon 6:00~7:45pm
Spanish	Tue 6:00~7:45pm
French	Wed 6:00~7:45pm
German	Thu 6:00~7:45pm
Multilingual	Fri 3:30~4:45pm
Irish	Sat 10:30am~12:00pm
Japanese	Sat 12:30~2:00pm
Russian	Sat 3:30~4:45pm

영어 만나기

학원에서 공부한 뒤 도서관에 앉아 책을 펴고 형광펜 쫙쫙 그어가며 공부하기. 한국인이라면 참으로 친숙한 공부방법이다. 이 방법은 단어나 문법을 머리에 담고 정리하는데 있어서는 좋은 방법이지만, 보다 넓은 영어는 책상에 앉아서 습득하기에는 한계가 있다. 게다가 기껏 멀리 아일랜드까지 와서 한국에서 혼자 공부하는 것과 다를 바 없이 영어공부를 한다면 너무 아깝지 않은가. 과감하게 책상에서 벗어나 실생활 영어에도 접근해보자.

미트업-같은 취미를 공유하라

미트업(www.meetup.com)은 아일랜드에 있는 취미활동모임 사이트이다. 우리나라 동호회처럼 매주 정기적인 모임이 이루어지는데, 언어부터 시작해서 사진, 클럽, 음악, 춤, 여행, 정치, 문화 등 다양한 분야의 모임이 있으므로, 자신의 관심 분야를 선택해서 참여하면 된다. 내가 좋아하는 활동을 할 수 있기 때문에 취미 또는 생각이 비슷한 전 세계인들과 취미를 공유하면서 영어공부도 할 수 있다는 장점이 있다.

라디오-표준영어를 배우는 쉽고 간단한 방법

라디오는 표준발음을 사용하기 때문에 강한 아이리시 억양이 아닌 자연스러운 현지 영어를 들을 수 있는 좋은 매체이다. 따로 라디오가 없다면 스마트폰에 라디오 어플을 받아서 활용할 수도 있다. 특히 대중교통을 이용할 때나 길을 걸을 때, 자투리 시간 틈틈이 라디오를 듣는다면 듣기 능력과 함께 표현법도 풍부해질 것이다.

RTE(www.rte.ie)	아일랜드 공영방송 RTE Radio 1 88.290.0MHz (87.8 in northeast) RTE 2fm 90-92MHz (97 in northeast)
BBC(www.bbc.co.uk/radio)	영국 공영방송 Students English, 6 Minute English 제공

영상매체-반복학습이 최고다

유명한 토크쇼나 영화 같은 것을 다운받아서 보는 것도 재미있게 영어 공부를 하는 좋은 방법. 토크쇼는 일반적인 대화를 사용하므로 일반회화와 사람들이 평소에 자주 쓰는 표현에 대해 상당히 익숙해질 수 있다. 영화를 볼 때는 한국자막-통합자막-영어자막-무자막 순으로 보는 것을 추천한다. 똑같은 영화를 여러 번 반복해서 보는 게 지겨울 때도 있지만, 모르고 듣는 것보단 훨씬 나을 것이다. 처음에는 대략적인 내용을 인지하고 그 다음에는 단어나 문장이 어떻게 발음되는지 영어자막으로 체크하고 중간에 멈추고 따라해 보는 섀도잉 작업을 거듭하다 보면 곧 아이리시들이 말하는 속도에 적응할 수 있을 것이다. (여느 나라에 비해 아이리시의 말하는 속도는 상당히 빠른 편이다.)

사실 아일랜드에서 생활하면서 겪게 되는 모든 상황이 영어실력 향상에 도움이 된다. 사소한 물건 사기, 각종 서류 발급, 집 구하기, 일자리 구하기 등에 필요한 영어표현과 단어도 놓치지 않고 적극적으로 익혀 내 것으로 만들자. 그러다보면 어느 순간 관련 주제에서 막힘없이 영어를 구사하는 자신을 발견하게 될 것이다.

나만의 영어공부 노하우가 있다

<u>영표's English</u>　　한국에서 수능 외국어영역과 토익 공부한 걸 제외하면, 영어공부는 거의 안 했다고 해도 무방하다. 외국인을 만나면 무슨 말을 해야 할지 몰라 피해 다니던 많은 한국인들 중의 하나였으니까. 물론 지금도 유창하게 한다고 말하긴 곤란하지만, 적어도 영어로 말하는데 있어 예전에 느끼던 부담감은 거의 없어졌다. 회화에서 내가 추천하는 방법은 우선 '기본 회화 패턴'을 공부하는 것이다. 간단한 패턴 몇 가지만 연습해도 이를 응용해서 할 수 있는 말들이 상당히 늘어나게 되고, 실생활에서 다양한 표현들을 활용하면서 나의 것으로 만들 수 있다.

워킹홀리데이비자의 특성상 모든 일을 내 스스로 해야만 했던 것도 지금 생각해 보면 영어실력 향상에 많은 도움이 됐다. 누구 하나 아는 사람이 없었고, GNIB나 PPSN, 은행계좌, 집 구하기, 일자리 구하기 등 새로운 일을 할 때면 그에 관련된 단어나 표현을 자연스럽게 익힐 수 있었다.

미드나 영드를 보면서 실생활 표현을 배워보려고 노력하기도 했는데, 특히 〈IT Crowd〉는 재미도 있으면서 영국 발음의 매력에 빠지게 된 드라마이다. 듣기는 내가 많이 부족한 부분이었는데, 이를 보강하기 위해 라디오를 시간 날 때마다 들으려고 노력했다. 그중에서도 저녁 10시부터 12시까지 진행되는 98Mhz의 〈Dublin Talks〉는 토크쇼 형식이라서 아이리시 발음을 생생하게 들을 수 있었다.

문법 같은 경우에는 《Grammar in Use》를 공부하며 정리했고, 공공도서관 아동서적을 종종 빌려 읽으며 리딩 연습을 했다. 작문은 2달간 학원을 다니면서 FCE 공부를 했는데, 거의 매 수업시간마다 개인적으로 작성한 작문을 선생님께 드리며 첨삭을 부탁했고 이런 과정을 통해서 많이 향상되었다. 한국이나 아일랜드나 선생님을 괴롭혀야 공부를 잘 할 수 있다는 사실은 똑같다. 한국에서 준비를 많이 하면 할수록 좋겠지만, 아일랜드에 온 다음에 노력하는 것은 더욱 중요하다고 생각한다.

마지막으로 잊지 말아야 할 것은 아일랜드 생활을 끝내고 한국에 돌아가서도 계속 꾸준히 영어공부를 해야 한다는 사실!

<u>다운's English</u>　　　부끄러운 고백이지만, 아일랜드 오기 전에는 스스로 영어에 자신이 있었다. 취업준비를 하느라 토익 점수는 900을 넘었고 오픽(OPlc, Oral Proficiency Interview-Computer, 미국 LTI사 주관의 공인인증 영어 말하기 시험) 점수도 IH((Intermidiate High)) 등급이었다. 그러나 부끄럽게도 생활영어는 전혀 딴판이었다. 특히 즉각적이고 정확하게 말을 해야 하는 일터에서 그 장벽과 한계를 크게 느꼈다. 조금 어버버 했더니 무시하고 가버리더라.

그래서 생활 영어를 늘리도록 만들어본 나만의 공부 방법, 유튜브 채널을 이용했다. 뷰티, 패션, 음식, 생활 등 다양한 분야에서 쉴새없이 떠드는 유튜브 채널을 구독하고 즐겁게 봤다. 학구적으로 만들어진 게 아니라서 생생한 생활 영어를 접할 수 있다. (예를 들어, 음식 채널의 양념 만들기 장면에서 'to make it more delicious'라는 학구적인 표현 대신 'let's give it a kick'이라는 표현을 배웠다.)

유튜브 채널로 듣기 연습을 한 뒤에는 잡지로 읽기 연습을 했다. 나는 신선하고 독특한 기사가 많은 〈바이스(Vice)〉라는 인터넷잡지와 〈코스모폴리탄(cosmopolitan)〉을 즐겨봤다. 특히 여성지 안에는 여자들이 수다 떨 때 사용할 만한 표현이 많이 나오기 때문에 여자 친구들끼리 수다 떨기에 유용했다.

잡지나 유튜브를 이용한 공부는 딱딱하게 공부하는 느낌이 아니라 즐겁게 기사를 읽고 비디오를 보는 느낌이라 큰 부담 없이 공부할 수 있었다. 복습할 표현들은 모두 에버노트(Evernote)에 저장해놓았다. 에버노트, 이거 물건이다. 컴퓨터와 핸드폰으로 모두 연동이 되기 때문에 컴퓨터로 공부하다가 저장한 표현들과 단어들을 언제 어디서나 휴대폰으로 복습할 수 있어서 매우 유용하다.

수정's English　조금 진부하지만 나만의 영어공부법은 영어수첩을 항상 지니고 다니는 것이다. 영어실력을 향상시키는 가장 간단하면서도 효과적인 방법은 짧은 시간이라도 매일매일 영어공부를 하는 것이다. 하지만 날마다 영어공부를 위해 시간을 투자하기란 쉽지 않은 법. 그렇기 때문에 나는 이 영어수첩 공부법을 중학교 때부터 꾸준히 하고 있다.

작은 가방이든 큰 가방이든 휴대하기 편한 손바닥 정도의 작은 수첩을 준비하자. 그리고 페이지 맨 위에 날짜를 쓰고, 내가 몰랐던 영어단어, 혹은 아는 단어이지만 몰랐던 뜻이 있는 단어 등을 적고 그 밑에 그 단어가 들어간 문장을 1개 이상 적자. 단어만 기억하기란 쉽지 않지만, 문장 속에 단어를 넣어서 문장을 계속 연습하면 단어뿐만 아니라 영어표현도 같이 익히게 되는 일석이조의 효과를 볼 수 있다.

중요한 건 하루에 한 단어라도 좋으니 이 영어수첩을 들고 다니면서 시간이 날 때마다 수첩을 펴보는 것. 버스나 지하철을 탈 때, 약속장소에서 친구를 기다릴 때 등 단 5분이라도 시간이 남는다면 가방 속 수첩을 꺼내 오늘의 단어를 공부하자.

이런 아날로그식 영어공부 방법이 조금 귀찮다면 매일매일 새로운 영어단어나 숙어를 보여주는 어플을 깔거나 다양한 사이트에서 제공하는 영어공부 콘텐츠를 이용해도 좋다. 국내 포털사이트 등에서 제공하는 매일매일 영단어, 영어표현은 가끔 영어수첩을 꺼내기 귀찮을 때 나도 애용하는 방법이다. 알림을 설정해 놓으면 아침에는 영단어 공부를, 저녁에는 아침에 공부한 단어를 테스트할 수도 있으니 스마트폰만 있다면 어느 영어학원 못지않은 영어실력 향상 효과를 누릴 수 있다. 이렇게 하루에 단 5분이라도 영어공부에 소비할 시간이 없다면 당신은 시간이 없는 것이 아니라 영어공부에 대한 의욕이 없는 것이다.

태광's English　아마도 전형적인 영어 못 하는 한국인을 말하라면 자신있게 나라고 말할 수 있을 것이다. 고등학교 때 단어는 많이 외웠지만 듣기와 말하기에는 엄청난 취약점을 가지고 있던 터. 외국인과 대화를 할 때면 머릿속이 하얗게 변해버리는 탓에 이내 입을 다물고 경청만 하는 조용한 친구가 되곤 했다. 자극과 충격을 동시에 받으며 영어공부를 시작했는데, 내가 사용했던 영어공부법은 최대한 많이 말하려고 노력하고 나보다 잘 하는 사람들의 영어 표현을 모방하는 것이었다. 초반에는 'English Conversation' 미트업에 가서 나와 비슷한 수준의, 혹은 나보다 영어를 잘 하는 외국인 친구들을 만나며 영어공포증을 없애는데 주력했고, 그 다음에는 룸메이트나 일하는 동료들과 최대한 많이 얘기를 하려고 노력하며, 그들의 쓰는 단어나 숙어 표현을 익히고 그들의 영어를 따라하려고 애썼다.

듣기 실력 같은 경우는 컴퓨터를 하거나 길을 걸을 때 라디오를 듣거나 내가 좋아하는 프로그램을 통해 아이리시 혹은 영어 발음에 익숙해지려고 노력했다. 인터넷에서 통합자막으로 영상을 보는 것도 좋은 방법이다. 그리고 하루에 꼭 몇 분씩은 영어공부하는 시간을 가졌다. 회화표현을 익힌다든지 평소에 궁금했던 표현을 인터넷으로 찾아보고 다음 번에 꼭 한 번씩 쓰려고 노력했다. 그냥 외우는 것보다 직접 입 밖으로 내고 그걸 상대방과 직접 얘기하며 쓰면 기억에 더 오래 남는다.

어느 정도 입이 트인 후에는 책상공부도 필요하다고 하는데, 나 역시 동의하는 바이다. 똑같은 문장, 똑같은 표현을 매일같이 쓰려고 노력하지 말고 조금씩 바꾸어가며 쓰다 보면 어느새 영어에 능숙해진 나를 발견할 수 있다.

놓쳐선 안 되는
아일랜드의 즐거움

축제는
계속된다

할로윈과 성패트릭데이(St. Patrick's Day)가 아일랜드로부터 유래됐다는 걸 알고 있는가? 작지만 아름다운 나라 아일랜드에서는 매년 다양한 즐길거리와 볼거리가 있는 다채로운 축제들이 열리고 있다. (http://www.discoverireland.ie/ 사이트에 들어가면 아일랜드 축제에 대한 정보와 여행지에 대한 정보를 얻을 수 있다.)

아무리 확고한 목적을 갖고 아일랜드에 왔다고는 해도 마냥 '스터디'와 '워킹'만 하다가 돌아가기에는 아일랜드는 너무나 흥겹고 즐거운 곳이다. 그러니 공부할 때는 열심히 공부하고, 일할 때는 성실하게 일하고, 즐길 때는 신나게 즐겨보자.

다음은 아일랜드의 주요 축제 캘린더이다.

구분	명칭	내용
1월	Temple Bar Tradfest	템플바 전통 음악 축제
	Shannon winter music festival	겨울 음악 축제
2월	Cork Spring	시와 시인들의 축제
	Jameson Dublin Film Festival	영화 축제
3월	St. Patrick Day	성패트릭의 날
	Mother's Day	어머니날
4월	Easter Day	부활절
	Cork International Choral Festival	국제 합창 축제
5월	Cat Laughs Comedy Festival	고양이 웃음 코미디 축제
	Dublin Writers Week	Dublin 작가의 주
6월	LGBT Parade	성소수자를 위한 축제
	Bloomsday	제임스 조이스를 기리는 축제
7월	Galway Races	경마 축제
	Commemorating the Battle of the Boyne	보인 강 전투 기념 축제
8월	Rose of Tralee	장미 축제
	Lisdoonvarna Matchmaking Festival	중매 축제
9월	Arthur's Day	기네스데이
	Culture Night	문화의 밤
	Cork Jazz Festival	코크 재즈 축제
10월	Halloween	할로윈
	Festival of music in Ireland	아일랜드 음악축제
11월	Wexford Opera Festival	오페라 축제
	Corona Cork Film Festival	영화 축제
12월	Christmas	크리스마스
	New Year Eve	새해맞이 축제

이처럼 다채로운 축제가 1월부터 12월까지 매달 펼쳐진다. 그중 대표적인 몇 가지 축제와 행사에 대해 좀 더 상세히 살펴보자.

문화의 밤(Culture Night)

매년 9월마다 개최되는 '문화의 밤'은 아일랜드 전역에 있는 문화와 예술의 가능성을 보다 많은 사람들에게 알리기 위해 박물관이나 갤러리 등을 무료로 제공하는 일종의 문화축제이다.

각 도시마다 개최되며 많은 문화시설이 몰려있는 더블린에서 가장 크게 개최되고 있다. 5시부터 11시까지 이용가능하며, 매년 참가하는 박물관이나 갤러리, 공연업체는 매번 다르다.

기네스데이(Guinness Day)

아서데이(Arthur's day)라고도 불리는 기네스데이는 매년 9월 넷째주 목요일에 기네스맥주의 창립자 아서 기네스(Arthur Guinness)를 기리기 위해 열리는 행사이다. 전 세계 각국에 퍼져있는 아일랜드 사람들은 이날 17시 59분이 되면 아서를 위해서 건배를 한다는데, 1759년은 아서가 더블린에 새로운 양조장 부지를 계약한 년도라고 한다.

매년 템플바를 비롯한 아일랜드의 펍들은 기네스데이를 맞아 싼값에 맥주를 팔고 공짜로 맥주를 주기도 하는 등 다양한 행사를 하며, 특히 수백 개의 펍에서 음악공연을 선보인다. 그야말로 기네스의 나라 아일랜드가 아니면 만날 수 없는 고유의 축제다.

할로윈(Halloween)

할로윈은 서구권의 여러 나라에서 즐기는 축제이다. 매년 10월 31일 밤에 행하는 연례행사로 고대 아일랜드 켈트족의 삼하인(Samhain) 축제에서 비롯되었다. 예전 켈트족들은 이날 죽은 영혼들이 자신의 집으로 돌아온다고 믿고 결혼과 죽음 같은 운명과 관련된 점을 쳤다고 한다. 오늘날에는 마녀나 도깨비 혹은 잭오랜턴(jack-o'-lantern, 호박등)의 모습을 가장해서 할로윈을 즐기고 있다. 또한 어린이들은 'Trick or Treat'이라는 말로 집마다 문을 두들겨서 캔디를 얻어가곤 한다.

아일랜드에서도 할로윈은 꽤 크게 열리고 있는데 할로윈이 다가오면 사람들은 코스튬숍에 가서 옷을 고르기 바쁘다. 이날 펍에 가면 정말 다양한 모습으로 분장을 한 사람들을 많이 만날 수 있다. 우리나라에서는 아직 흔하게 접할 수 있는 문화가 아니니 아일랜드에 왔다면 기회를 놓치지 말고 즐겨보자.

크리스마스&새해맞이(Christmas&New Year's Eve)

외국에서 가장 큰 명절로 꼽을 수 있는 크리스마스가 다가오면 길거리

의 가게들은 바빠지
고, 모든 매장마다 인
테리어를 크리스마스
풍으로 바꾸기 시작
한다.

많은 사람들이 밖에
나와 거리를 돌아다
니며 크리스마스를

즐기는 한국과는 달리 아일랜드는 가족끼리 지내는 게 일반적이라 막
상 크리스마스 당일이 되면 거리는 무척이나 한산하고 조용하다.

크리스마스가 끝나면 바로 또 새해가 다가오기 때문에 이때 각종 세일
이 이루어지며 소비가 많이 이루어지는 시기이기도 하다. 한 해의 마지
막 날 밤에는 새해를 맞는 카운트다운을 하기도 하고 불꽃놀이도 한다.
외국에서 맞는 새해와 크리스마스는 어떤 기분일까?

성패트릭데이(St. Patrick day)

아일랜드에 그리스도교를 처음 전파한 성 패트릭(St.Patrick)을 기리는
성패트릭데이는 아일랜드에서 가장 큰 연례행사로 꼽기에 부족함이 없
다. 매년 3월 17일에 열리며, 과거 미국으로 이주했던 아일랜드계 사람
들 때문에 미국에서도 큰 규모로 행사가 열리고 있다.

성패트릭데이가 다가올 수록 아일랜드의 건물들은 외관을 초록색으로
단장하고, 길거리에서는 토끼풀(shamrock, 아일랜드의 국화)로 장식한
초록색 모자와 옷을 입고 우스꽝스러운 수염을 단 모습으로 돌아다니

는 사람들을 많이 볼 수 있다. 축제 당일이면 도로를 통제하고 대형 퍼레이드가 열리곤 한다.

성소수자축제(LGBT Parade)

레즈비언, 게이, 바이섹슈얼, 트렌스젠더를 뜻하는 LGBT. 성소수자들의 축제인 LGBT는 전 세계적으로 6월 말에 열리고 있다. 성소수자들을 바라보는 시선은 예전보다는 많이 완화되었지만, 아직도 각박한 시선으로 그들을 바라보는 사람들 역시 존재하고 있다.

LGBT 축제에는 성소수자들을 비롯해 일반인들도 많이 참여하는데, 코스튬을 하고 무지개 깃발을 내걸고 거리를 행진하며 성소수자들의 자유와 권리를 주장하는 퍼레이드를 벌인다.

이처럼 아일랜드는 다양한 축제와 행사가 자주 열리는 곳이다. 위에서 살펴본 축제나 이벤트 외에도 팬케이크를 먹는 팬케이크데이('Shrove day’라고도 한다)와 기독교의 주요 절기인 부활절 등도 손꼽을 만한 날이다. 그리고 여러 가수들의 공연이 수시로 열리는 등 다양한 문화예술 행사가 끊이지 않는다. 이처럼 아일랜드는 아름다운 자연 말고도 즐길거리와 볼거리가 풍부해서 잠시도 지루하게 있을 틈이 없는 곳이다. 그러니 즐겨라!

아일랜드를 만나다

이왕 아일랜드에 왔다면 내가 사는 도시를 벗어나 다른 지역들을 여행하는 것도 좋은 기회다. 우리나라에는 아직 아일랜드가 많이 알려져 있지 않지만, 아일랜드는 매년 전 세계에서 많은 관광객이 찾아오는 곳이다. 더블린을 비롯해 여러 지역마다 각각의 명소와 매력이 있으니 머물고 있는 도시를 벗어나 또다른 아일랜드를 만끽해보자.

아일랜드 국내를 돌아보는 방법은 비행기, 기차, 버스 등이 있지만, 철도 및 버스 시스템이 잘 조직되어 있기 때문에 아일랜드 남서부의 케리(Kerry)나 북부의 도니골(Donegal) 노선을 제외하고는 비행기로 여행할 일은 별로 없다.

다음의 교통수단 별 사이트를 참고하여 여행 계획을 짜보자. 특히 아일랜드 대표 버스인 버스에린(buseireann)을 이용할 때 국제학생증을 가지고 있으면 할인 혜택이 있으므로 미리 발급받도록 하자.

종합정보	http://www.transportforireland.ie 종합 교통정보
비행기	http://www.loganair.co.uk 더블린도니골 http://www.aerarann.com 더블린케리
버스	http://www.buseireann.ie 아일랜드 국내도시 http://www.jjkavanagh.ie 아일랜드 국내도시 http://citylink.ie 아일랜드 주요도시 고속버스 https://www.dublinbus.ie 더블린 근교
기차, 다트	http://www.irishrail.ie 아일랜드 철도, 다트
루아스	http://www.luas.ie 더블린 시내 전철

더블린-아일랜드 최고의 도시

더블린(Dublin)은 아일랜드에서 가장 큰 도시일 뿐만 아니라 수도이다. 유럽의 주요 도시를 연결하는 더블린공항이 있어 접근성도 편리하기 때문에 연중 여행객들이 끊이지 않는다. 유럽, 아시아, 남미 등 다양한 지역에서 온 어학연수생들로 인해 형성된 독특한 문화도 더블린의 또 다른 매력. 다양한 볼거리와 문화의 집합체인 더블린은 아일랜드 여행의 필수 코스라고 할 수 있다.

❶ 스파이어(Spire)

스테인리스 강철로 제작된 높이 121.2미터의 첨탑인 스파이어는 시내 어디에서나 볼 수 있는 더블린의 주요 상징물이다. 1999년 도시계획의 일환으로 의뢰되어 2003년에 완공된 이래 명실상부한 더블린의 랜드마크로 자리잡았다. 스파이어를 중심으로 거대한 상권이 형성되어 있는데, 이곳은 수많은 사람들의 약속 장소가 되기도 하고, 여행객들에게는 길을 잃었을 때 훌륭한 지표가 되기도 한다.

❷ 오코넬스트리트(O'Connell Street)

폭은 50미터 남짓, 길이는 500미터에 이르는 아일랜드에서 가장 큰 도로이다. 길의 남쪽 끝으로는 오코넬브리지(O'Connel Bridge)가 이어져 있으며, 도로를 따라 걷기만 해도 유명 인물들의 동상과 함께 다양한 관광객들을 만날 수 있는 더블린의 핵심 거리이다.

❸ 템플바(Temple Bar)

템플바는 17세기 초 이 지역에 살았던 트리티니대학의 학장 윌리엄 템플과 당시 유명했던 펍인 'The Bar'의 이름을 따서 만들어진 곳이다. 아일랜드 최고의 문화 및 유흥의 거리라고 할 수 있으며, 특히 좁은 자

갈길로 되어 있어 예전 중세의 거리 양식이 유지되고 있는 점이 매력적
이다. 각종 갤러리와 박물관이 곳곳에 위치하고 있으며, 흥겹게 술을 마
시는 사람들로 늘 북적이는 이곳의 펍에서는 아이리시 전통음악이 끊
임없이 흘러나온다.

❹ 그라프톤스트리트(Grafton Street)

우리에게 친숙한 영화 〈원스〉에서
주인공이 기타연주를 하던 장소로
잘 알려져 있다. 실제로도 영화처
럼 음악을 사랑하는 이들의 버스
킹(busking, 거리 공연) 및 각종 행
위 예술들로 유명하다. 더불어 옷
가게가 많이 밀집되어 있는 주요
상업지역이기도 하다.

❺ 트리니티대학(Trinity College)

1592년에 설립된 아일랜드 최고
의 대학으로, 유럽에서도 톱10에
랭크될 정도로 손꼽히는 명문대학
이다. 사무엘 베케트, 오스카 와일
드 등 수많은 인재를 배출했으며,
800년 경 제작된 복음서《켈스의 서(Book of Kells)》, 이집트 시대의 파
피루스 등 20만여 권의 고서를 비롯하여, 총 500만 권의 책을 소장하
고 있다.

❻ 더블린 성(Dublin Castle)

데임스트리트(Dame Street)에 위치하고 있는 더블린 성은 1922년 영국으로부터 독립하기 이전까지 영국 세력의 중심지로 이용된 곳이다.

오늘날에는 유럽 대표들의 주요 회의나 아일랜드 대통령 취임식에 이용되면서 아일랜드의 역사적 장소로 자리매김하고 있다.

이 성은 아일랜드의 첫 번째 왕이었던 존 왕(King John)이 1204년 건축하였으며, 1761년 완공된 베드포드타워(The Bedford Tower)는 성 건축물 중에서 가장 화려한 곳으로 꼽힌다.

❼ 기네스 스토어하우스(Guinness Storehouse)

더블린에서 가장 유명한 관광지인 기네스 스토어하우스(www.guinness-storehouse.com)는 아일랜드를 대표하는 기네스맥주의 역사와 제조과정을 둘러볼 수 있는 일명 기네스박물관이다.

기네스 스토어하우스에는 관광객들에게 기네스 파인트(pint, 570ml)를 완벽하게 따르는 방법을 알려주는 마스터 클래스도 있는데, 이 강연을 들으면 교육이수 인증서와 함께 본인이 직접 따른 기네스 파인트 잔을 무료로 마실 수 있다.

7층에 있는 전망대(Gravity Room)는 전면이 유리로 되어있어 더블린 시내를 한눈에 바라볼 수 있어 많은 사람들이 찾는 곳이다.

❽ 사무엘베케트브리지(Samuel Beckett Bridge)

연극 〈고도를 기다리며(Waiting for Godot)〉의 극작가로 유명한 사무엘 베케트(Samuel Beckett)를 기리기 위해서 만들어진 다리. 스페인의 건축가 산티아고 칼라트라바(Santiago Calatrava)가 디자인했는데, 마치 하프 모양 같은 다리의 모습은 아일랜드의 세속적인 것들에 대한 상징물로 표현되기도 한다.

코크-아름다운 항구도시

아일랜드 남부에 위치한 코크(Cork)는 아일랜드에서 더블린 다음으로 가장 큰 도시이다. 짧게 아일랜드를 여행하는 사람들은 시간 관계상 더블린과 더블린 근교만 여행하는 경우가 대부분이지만, 알고 보면 더블린보다 볼 것도, 즐길 것도 더 많은 곳이 바로 코크이다. 코크에 사는 사람들은 코크를 진정한 아일랜드의 수도라고 생각하며 'Republic of Cork'라고 부를 만큼 도시에 대한 애정과 자부심이 남다르다.

❶ 성핀바레스대성당(St. Fin Barre's Cathedral)

코크 시내에 위치한 아름다운 성당으로 6세기경 지어졌다. 과거 이 자리에 수도원이 생기면서 사람들이 수도원을 중심으로 모여 살기 시작한 것이 지금의 코크가 되었다고 한다. 크고 아름다운 천장벽화가 유명하며 운이 좋으면 성당 내부를 구경하면서 아름다운 오르간 연주도 들을 수 있다.

성당 뒤편 지붕 위에는 트럼펫을 든 금 천사상(Golden Angel)이 있는데, 전설에 따르면 이 천사상의 트럼펫 소리가 들리면 세상의 종말이 다가왔다는 뜻이라고 한다.

❷ 잉글리시마켓(English Market)

시내 중심에 위치한 고기, 채소, 과일, 빵, 술 등 안 파는 것이 없는 코크의 관광명소이다. 다른 대형 마켓들에 비해 가격도 저렴하고 아시안 마켓도 있어 한국인들에게 특히 인기가 많다.

❸ 샌던의 종(Shandon's Bells)

코크의 랜드마크로 꼽히는 성안나교회(St. Anne's Church) 위의 탑에 있는 종이다. 18세기에 만들어졌다. 교회의 탑에 오르면 직접 타종할 수도 있으며, 탑 꼭대기에서는 코크 시내를 한눈에 내려다볼 수 있다.

❹ 코크대학교(UCC, University College of Cork)

1845년 빅토리아여왕에 의해 설립된 대학이다. 당시에는 퀸스대학이라고 불리었으나 1908년에 지금의 UCC로 이름을 바꾸었다.

코크를 가로지르는 리(Lee) 강 바로 옆에 위치해있어 캠퍼스 자체가 하나의 넓은 공원처럼 매우 아름답다.

❺ 블라니 성(Blarney Castle)

코크 시내에서 조금 떨어진 코크 외곽에 위치한 성으로 15세기경에 지어졌다. 블라니 성은 성 꼭대기에 있는 블라니스톤(Blarney Stone, 'Kissing Stone'이라고도 한다)으로 매우 유명한데, 이 블라니스톤에 입을 맞춘 사람은 매우 뛰어난 언변을 얻게 된다는 전설이 있다. 훌륭한 언변으로 유명한 영국의 윈스턴 처칠이 이 돌에 키스를 하면서 더욱 유명해진 이곳은 매년 백만 명이 넘는 관광객들이 찾아와 처칠 경과 같은 언변을 얻길 바라며 블라니스톤에 입을 맞추고 간다고 한다.

❻ 코브(Cobh)

타이타닉의 마지막 출항지로 유명한 항구도시 코크 외곽에 위치하고 있으며, 현재까지도 타이타닉이 출발한 항구를 그대로 간직하고 있다. 타이타닉이 코브 항구를 떠난 1912년 당시의 모습과 달라진 점이 거의 없는 코브 시내는 작지만 매우 평화롭고 아름답다.

언덕 꼭대기에 위치한 코브대성당(St. Colman's Cathedral)은 외관이 무척 아름다워서 많은 관광객들이 사진을 찍기 위해 언덕을 오르는데, 그 위에서 바라보는 코브 시내와 코브 항구, 바다의 모습은 말로 형용할 수 없을 정도.

골웨이-몸과 마음의 휴식처

골웨이(Galway)는 게일어로 '외국인들의 도시'라는 뜻답게 아일랜드의 대표 휴양지이다. 더블린에서 당일로 다녀올 수 있을 정도의 가까운데다가 아일랜드의 환상적인 자연을 느껴볼 수 있는 대표 여행지로 수많은 여행객의 마음을 사로잡고 있다.

❶ 모허절벽(Cliffs of Moher)

아일랜드 남서쪽 클레어(Clare) 지방에 있는 모허절벽은 해수면 위로 120미터에 달하는 웅장한 절벽이다. 절벽의 실제 높이는 오브라이언 타워(O'Briens's Tower)에서 214미터이며, 길이는 장장 8킬로미터에 이른다. 해마다 매년 백만 명 정도의 관광객이 방문하는 명소 중의 명소.

❷ 애런제도(Aran Islands)

골웨이 만에 위치하고 있는 애런제도는 가장 큰 섬인 이니시모어(Inishmore), 중간 크기의 이니시만(Inishmaan), 가장 작은 이니시어(Inisheer), 3개의 섬을 일컫는 말로, 1,200명의 거주민들이 살고 있다. 이들은 게일어을 사용하지만 영어도 유창하게 구사할 수 있다. 아일랜드의 자연을 가장 잘 보존하고 있는 곳이라고 할 수 있다.

❸ 카일모어수도원(Kylemore Abbey)

이 건물은 영국의 사업가 미첼 헨리(Mitchell Henry)가 부인인 마가렛 헨리(Margaret Henry)를 위해 지은 성이었다. 1867년에 공사를 시작해 100명의 인부가 4년에 걸쳐 지었다고 한다. 그러나 1874년 이집트에서 아내가 세상을 떠나자 헨리 역시 이곳을 찾지 않았고, 약 10년 후 베네딕트회에서 성을 사들여 수도원이 되었다. 현재 수도원의 면적은 40,000평방미터에 이르는데, 70개가 넘는 방과 화려한 벽들로 구성되어 있다.

리머릭-아름다운 물의 도시

새넌(Shannon) 강이 흐르는 아름다운 도시 리머릭

(Limerick)은 역사적으로는 수륙교통의 중심지로서 상업이 발달했으나 최근에는 공업이 발달하면서 아일랜드 대표 공업도시로 급부상했다. 인구 수로는 더블린, 코크 다음으로 3번째 도시에 해당한다.

리머릭 시내 킹스아일랜드(King's Island)에 위치하고 있는 존 왕의 성 (King John's Castle)이 유명한데, 13세기에 지어진 이 성은 아일랜드의 첫 번째 왕인 존 왕이 1200년에 건립한 곳으로 건축 이후 여러 차례 개축을 거쳤다. 유럽 내에서 가장 잘 보존된 노르만 성 중의 하나로 많은 관광객들을 모으고 있다.

딩글-아이리시가 추천하는 명소

아일랜드 남서쪽에 위치한 도시 딩글(Dingle)은 아일랜드 영화 〈립이어 Leap Year〉의 배경이 되었던 곳으로, 우리나라에는 〈프로포즈데이〉로 알려져 있다. 딩글의 작은 어촌 마을도 매력적이지만, 영화의 주인공들이 거닐었던 자연스러움이 가득한 산길은 더 아름답다.

링오브케리-아일랜드의 핵심 관광지

링오브케리(Ring of Kerry)는 딩글과 함께 관광산업이 발달한 곳으로, 킬라니(Killaney)에서 시작하여 카운티케리(County Kerry)로 이어지는 179킬로미터의 관광순환 일주도로이다. 도로를 따라 가다 보면 여러 관광지들이 있는데, 6개의 작고 예쁜 마을뿐만 아니라 환상적인 전망이 펼쳐지는 다양한 전망대와 절벽들, 국립공원까지 포함하는 종합 관광지이다.

위클로-바이킹이 살던 도시

'바이킹의 호수'라는 뜻의 위클로(Wicklow)는 이름처럼 아름다운 계곡

과 호수를 자랑하는 곳이다. 더블린에서 약 48킬로미터 떨어져있으며, 최근 더블린으로 통근하는 사람들이 이주해오면서 인구가 급격히 늘어나고 있다. 특히 글렌달로그(Glendalough)가 유명하다.

글렌달로그는 '2개의 호수를 이루는 골짜기'라는 뜻으로 고대 수도원이 있던 마을이었다. 영화 〈P. S. I Love You〉의 촬영지로도 잘 알려진 유적지이다. 로어레이크(Lower Lake)와 어퍼레이크(Upper Lake) 중에서도 위쪽 호수가 압권이며, 울창한 산림을 따라 걷다보면 맑은 공기를 느낄 수 있다.

호스-더블린 근교 어촌 마을

호스(Howth)는 더블린 시티센터에서 15킬로미터 거리에 위치한 근교 어촌 마을이다. 원래는 작은 마을이었으나 다트(DART)의 북쪽 종점이

190

되면서 발전했다. 아름다운 풍경 때문에 많은 영화의 배경이 되기도 하는 이곳은 피시앤칩스(Fish&Chips) 등 해산물 요리로도 유명하다.

호스항에서는 1킬로미터 거리에 있는 아일랜드의 눈(Ireland's Eye) 및 램베이 섬(Lambay Islands)을 볼 수 있고, 해안절벽을 따라 걸을 수 있는 산책로도 조성되어 있다.

다트 외에 더블린에서 31, 31a, 31b 버스를 타고 갈 수도 있다. 더블린에서 갈 때는 버스를 이용해서 호스 서미트(Howth Summit)까지 가고, 해안을 따라 항구까지 걸어온 다음, 다트를 타고 더블린으로 돌아가는 코스를 추천한다.

브래이-아름다운 바닷가 휴양지

브래이(Blay)는 호스와 마찬가지로 더블린에서 20킬로미터 거리에 있

는 근교 도시이지만, 좀 더 쇼핑과 관광 산업이 발달된 곳이다. 더블린으로 통근하는 사람들이 많이 거주하며, 그레이스톤(Greystones)으로 이어지는 해안절벽 산책로나 브래이헤드(Bray Head)는 관광명소로 꼽히기도 한다. 또한 넓은 모래사장이 해마다 많은 피서객들을 불러 모으는 매력적인 도시이다.

더블린에서 145번 버스를 타고 갈 수도 있지만, 버스보다 다트를 이용할 것을 추천한다. 철길이 해안선을 따라 쭉 연결되어 있기 때문에 절벽을 따라 달리는 짜릿함을 맛볼 수 있다.

킬리니 힐-영화 〈원스〉의 대표 명소

영화 〈원스〉에서 여자주인공이 남자주인공에게 체코어로 사랑을 고백하던 장소가 바로 킬리니힐(Killiney Hill)이다. 153미터의 고개를 올라서면 랜드마크 오벨리스크가 맞이해주며, 이곳에서 아일랜드 해(Irish Sea), 브래이헤드, 위클로 산맥(Wicklow Mountains)을 조망할 수 있다. 특히 맑은 날에는 웨일스 산맥(Wales Mountains)까지 볼 수 있다.

달키(Dalkey) 혹은 킬리니의 다트역에서 갈 수도 있고, 더블린에서 7d 버스를 타도 된다. 달키는 아일랜드에서도 상류층이 밀집해서 사는 지역이어서 아름다운 가정집을 볼 수 있는가 하면, 킬리니힐에서 킬리티 다트역으로 가는 길에는 아름다운 경치와 공원을 만날 수도 있다.

말라하이드-캐슬과 가든이 있는 곳

더블린 북동쪽에 위치하고 있는 말라하이드(Malanhide)는 더블린에서 16킬로미터 떨어져있어 당일로 쉽게 다녀올 수 있다. 다트를 이용해서 갈 수도 있고, 버스는 32, 42번을 타고 가면 된다. 말라하이드 성(Malahide Castle)과 식물원 등 볼거리가 가득하며, 말라하이드 항구를 따라 산책을 즐기는 여유를 느껴볼 수도 있다.

아일랜드를
벗어나서

아일랜드는 유럽에 서쪽 끝에 위치하고 있기 때문에 유럽을 여행하기에 접근성이 매우 뛰어나다. 계획만 잘 짜면 저가항공을 타고 저렴한 가격에 부담없이 유럽여행을 할 수 있으니 금전적 여유가 크게 없더라도 한 번쯤 아일랜드를 벗어나 떠나보자.

저렴한 항공권을 구매하자

대표적인 유럽 저가항공으로 라이언에어(Ryanair)와 이지젯(Easy Jet), 에어링구스(Aer Lingus)를 꼽을 수 있다. 그중 라이언에어와 에어링구스가 아일랜드항공사이기 때문에 더블린에서 유럽 여러 도시로 가는 경로가 매우 잘 짜여져 있다. 한 달전에 항공권을 구매하면 19유로에 런던을, 17유로에 파리를 갈 수 있다.

❶ 라이언에어

가장 저렴하기로 알려진 항공사로 1985년에 세워졌다. 모든 비행기가 최신식으로 좋은 평가를 받고 있다. 수화물 규격에 매우 깐깐한 편이므로 규격에 맞는 캐리어를 한국에서 준비해가는 게 좋다. 실제로 한국인 커뮤니티에서 라이언에어 규격에 맞는 캐리어를 구하거나 파는 일이 빈번하게 일어난다. 모든 라이언에어는 더블린공항 T1에서 출발한다.

❷ 에어링구스

라이언에어에 비해 시간 선택권이 넓은 것이 큰 장점. 미리 보딩패스를 프린트해야 하는 라이언에어와 다르게 에어링구스는 당일 공항에서 보딩패스 발권이 가능하며, 수화물 규정도 비교적 너그럽다. 따라서 짐이 많다면 라이언에어보다 에어링구스를 타는 편이 좋다. 모든 에어링구스는 더블린 공항 T2에서 출발한다.

자신에게 맞는 숙소를 찾아라

숙소는 비용면에서 크게 좌우되는 항목이다. 잠자리를 중요하게 여기는 사람이라면 좀 더 돈을 투자해서 저렴하면서 깨끗한 호텔을 찾아도 되고, 가격적인 면을 더 중시 여긴다면 호스텔을 이용하는 편이 좋다. 또한 앞에서 이야기한 카우치서핑을 이용해 서퍼가 되는 것도 추천할 만한 방법이다.

❶ 호스텔에서 묵기

호스텔을 미리 예약해서 최대한 낮은 비용에 숙소를 정할 수 있도록 하자. 대표적인 호스텔 검색사이트(호스텔닷컴 http://www.hostels.com/ko, 호스텔월드 http://www.hostelworld.com)에서 목적지와 날짜를 정한 뒤 입맛에 맞는 호스텔을 결정하면 된다. 사이트에 따라 제공하는 마일리지 서비스가 있으므로, 한 곳을 꾸준히 이용하면 추가적인 혜택을 받을 수 있다.

대부분의 호스텔 사이트가 선예약 후결제 서비스를 제공한다. 실제 호스텔에 묵은 후 체크아웃을 할 때 결제를 할 수 있도록 하는 것을 의미한다. 그러나 호스텔에서 체크인을 할 때 모든 날짜의 숙박비 결제를 일시불로 요구하는 경우가 있다. 이런 경우에는 환불받기도 어려워지고 호스텔 사이트에서 책임을 져 주지도 않으므로 유의하도록 하자.

❷ 카우치서핑

카우치서핑을 통해 호스트를 찾아 숙박비 없이 여행을 다녀보자. 해외 각지에 친구를 만들고 숙박비도 아낄 수 있다. 내 프로필에서 추천서를 많이 쌓을수록, 좋은 호스트를 만날 확률이 높아지므로 프로필 관리에 신경을 쓰자. 때로는 건전하지 못한 목적으로 접근하는 호스트도 있으므로 유의하도록 하자. 상대방의 프로필을 꼼꼼히 살피고 본인의 직감을 따르도록 하자.

다시 한 번 가고 싶은 여행지

영표's Spot　　나는 더블린 근교에 있는 킬리니힐을 다시 한 번 가고 싶다. 처음 그곳을 찾았을 당시 나는 일하던 직장을 떠나게 되고, 당장 생활비를 충당하기도 벅찼으며, 약간의 향수병마저 찾아왔던, 아일랜드 생활 중 최악의 시간을 보내고 있었다. 그때 무작정 떠난 곳이 바로 킬리니힐이었는데, 부슬부슬 비까지 내리던 아일랜드다운 날씨에도 불구하고, 정상에서 바라본 풍경은 너무나 아름다웠다. 최악의 상황에서 맞이한 아름다운 아일랜드 경치는 어찌나 역설적이었던지. 개들을 이끌고 산책을 나온 수많은 아이리시들을 보면서 그들의 여유로운 삶에 동경을 일으키기도 했고, 마을의 집들이 하나같이 고급스러워서 이곳에 살고 싶다는 생각을 불러일으키기도 했다.

영화 〈원스〉에서 주인공들이 수줍게 사랑을 고백하던 바로 그 장소, 킬리니힐은 내가 여전히 아일랜드를 사랑하고 있다는 것을 깨닫게 해주었다. 오벨리스크 옆자리에 앉아, 저 멀리 보이는 해안선을 바라보며 Mp3에 넣어 간 켈리 클락슨(Kelly Clarkson)의 노래

'Stronger'와 이승철의 '아마추어'를 열심히 들었다. 'What doesn't' kill you makes you stronger'이라는 가사와 '누구도 가르쳐 주지 않았기 때문에 우리는 세상이라는 무대에서 모두 다 같은 아마추어'라는 가사가 내 마음에 깊이 파고들었다. 아일랜드에 처음 도착했을 때의 마음가짐을 떠올리며, 외국에서 겪는 크고 작은 어려움들도 결국 나를 성숙하게 만드는 하나의 과정이라고 마음을 다잡았다. 다시 한 번 킬리니 힐을 찾을 때 나는 또 어떤 생각을 하고 있을까?

다운's Spot　　더블린 근교 여행이라면 망설일 것 없이 당연히 호스이다. 버스나 루아스를 타면 쉽게 갈 수 있다는 접근성, 탁 트인 아름다운 바다, 그리고 피쉬앤칩스! 나는 호스만 세 번을 방문했다. 시기와 날씨에 따라서 마을의 모습이 매우 달라서 여러 번 가도 질리지 않았다.

처음 갔을 때는 아일랜드에 도착한지 3일째 된 7월이었다. 루아스를 타고 갔는데, 루아스역 맞은편에 마침 장터가 열리고 있어서 다양한 먹을거리를 구경했다. 매주 일요일 케이크부터 케밥, 초콜릿까지 다양한 음식 장터가 열리니 참고하도록 하자.

그날 정말 편한 운동화를 신고 2시간 가량 천천히 절벽으로 올라가며 갈매기 소리를 들었다. 매우 쨍쨍한 날씨에 따가운 햇빛이 쏟아졌는데, 그 탓에 피부를 멋지게 구릿빛으로 태웠다.

두 번째는 버스를 탔다. 버스 이동의 장점은 절벽 꼭대기에서 내릴 수 있다는 것. 파랗게 펼쳐진 바다를 바라보며 슬슬 절벽 아래로 걸어갔다. 호스 꼭대기에 있는 매점에서 아이스크림과 과자를 팔고 있는데, 더운 날 아이스크림을 하나 사서 시원한 바람을 쐬며 천천히 절벽에서 내려가보자. 천국이 따로 없다.

세 번째 갔을 때는 9월쯤이었다. 이때도 꼭대기에서 내려 절벽을 끼고 걸어갔는데, 꽃이 모두 지고 열매가 맺히는 시기라 산딸기가 엄청나게 열려 있었다. 내려가는 내내 산딸기를 따먹었는데, 무척 잘 익어서 달고 맛있었다. 빨갛게 열린 산딸기 길과 바위 절벽, 파란 바다의 심미안적 조화는 말할 것이 없다.

더블린에서 바다가 보고 싶다면 버스에 몸을 싣고 호스로 떠나자. 신선한 해산물을 구할 수 있는 곳이기도 하므로, 해산물을 좋아한다면 꼭 가봐야 한다.

태광's Spot　　다시 가보고 싶은 여행지를 꼽으라면 위클로국립공원이다. 아일랜드는 시티센터를 조금만 벗어나도 자연의 운치를 마음껏 느낄 수 있다. 특별한 무언가가 없어도 풀을 뜯는 양과 잔잔한 호수, 다듬어지지 않은 좁은 길까지, 소소하지만 완벽한 조화를 이루는 아일랜드의 자연은 아름답고 평화로운 풍경을 만들어낸다.

학생시절 영화 〈P. S. I Love You〉를 보고 아일랜드를 조금이나마 알 게되고 관심이 생겼다. 영화 속 절경은 바로 아일랜드 위클로우국립공원에서 촬영된 것이었다. 나는 그중에서도 글렌달로그에 다녀왔는데, 날씨가 다소 추웠지만 잔잔한 호수를 보며 시원하고 깨끗한 공기를 마시자 정말 상쾌했다.

글렌달로그는 위클로국립공원의 일부분으로 등산코스와 2개의 호수, 그리고 수도원의 자취가 남아있는 곳이다. 신비한 색의 이끼가 껴있는 숲길을 걸으며 한국과는 확실히 다른 풍경에 새로운 세상에 온 것 같은 느낌을 받았다.

내가 위클로에 다시 가보고 싶은 가장 중요한 이유는 국립공원을 온전히 돌아보고 싶어서다. 여러 가지 진입코스와 트레킹코스, 캠핑장이 마련되어 있어서 다시 간다면 코스를 짜서 트레킹코스로 3박 4일 정도 캠핑을 하며 도전하고 싶다.

수정's Spot　　다시 한 번 가보고 싶은 여행지, 혹은 아일랜드에서 가장 좋았던 곳이 어디냐고 묻는다면 나는 단 1초의 망설임도 없이 '모허절벽'이라고 대답할 것이다. 그곳에 가보기 전까지 나에게 아일랜드는 넓고 푸른 잔디밭에 양과 말이 뛰노는, 그저 작고 소박한 이미지의 섬나라였다. 그런 아일랜드에서 만난 웅장한 모허의 절벽들은 나에게 아일랜드의 새로운 매력을 발견하게 해주었고, 아일랜드는 더 이상 내게 작은 섬나라가 아니게 되었다. 아쉽게도 내가 투어를 간 날은 날씨가 좋지 않았지만 궂은

날씨 속에서도 모허절벽은 충분히 아름답고, 믿을 수 없게 웅장했다.

아직도 버스에서 내려서 처음으로 본 웅장한 절벽의 모습을 잊을 수가 없는데, 높이 200미터에 무려 8킬로미터 길이에 달하는 절벽들은 바라보는 것만으로도 그 끝에 서있는 듯 아찔한 기분이 들게 했다.

자연이 만든 모습 그대로 보존하기 위해 흔한 안전장치도 하나 없는 이 절벽은 매년 적지 않은 사람들이 떨어져 죽는 안타까운 장소이기도 하다. 나 역시 절벽 아래 부딪히는 새하얀 파도를 바라보던 중 뭔가에 홀린 듯 절벽에 한걸음 다가갔다가 이내 세차게 나를 제자리로 밀어내는 바닷바람에 정신을 차렸던 기억이 있다. 그래서인지 모허절벽은 나에게 눈으로, 피부로, 가슴으로 생생하게 기억된 여행지이다.

아일랜드
생활 마무리하기

아일랜드를
뒤로 하고

정신없이 공부하고 열심히 일하고, 또 때로는 즐겁게 놀기도 하면서 지내다보면 어느새 아일랜드에서의 짧다면 짧고 길다면 긴 생활을 마무리해야 할 때가 찾아온다. 처음 아일랜드에 도착해서 정착을 하는 것도 많은 준비가 필요하지만, 다시 한국으로 돌아갈 때 해야 할 이런저런 일들도 제법 많다. 마지막까지 즐거운 추억으로 남기기 위해서는 유종의 미가 중요한 법. 아일랜드에서의 생활을 잘 마무리하고, 그리운 집으로 돌아가자.

직장, 어학원과 이별하기

아일랜드 생활을 마무리하기 위해서 가장 먼저 해야 하는 일은 바로 하고 있던 일이나 다니던 어학원에 그만둔다는 사실을 알려주는 것이다. 직장의 경우 일을 그만두기 최소한 2주전에는 사장 또는 매니저에게 퇴직 공지를 주어야 한다. 나를 대신해서 일할 사람을 트레이닝 하고 일에 적응할 수 있는 최소한의 기간을 주는 것이기 때문에 내일 당장 그만두겠다는 식의 책임 없는 행동은 조심하자.

서류상으로 처리해야 하는 일은 택스오피스에서 P50이라는 서류를 받아서 작성하는 것과 직장에서 P45라는 서류는 받는 일이다. P45와 P50 서류를 택스오피스에 제출하면 환급 받을 세금이 있을 경우 이를 받을 수 있다. 환급금이 있다면 집 주소로 수표(check)를 보내거나 계좌로 입금 받는 방법 중 선택할 수 있다.

학원의 경우도 수료증(Certification)을 받으면 나중에 활용할 수 있으니 미리미리 챙겨두도록 하자.

사용하던 물품 처분하기

아일랜드에서 적지 않은 기간 생활했기 때문에 그동안 짐이 많이 불어났을 것이다. 그 짐들을 한국으로 전부 가져갈 수는 없기에 필요 없는 물건은 버리고, 팔 수 있는 물건들은 팔고, 한국으로 미리 보낼 물건은 택배로 보내놓도록 하자.

❶ 중고물품 팔기

물건들을 처분하는 가장 편리하고 대표적인 방법은 한인커뮤니티사이트를 통해서 판매하는 것이다. 주로 거래되는 물건으로는 책, 의류, 전기장판, 밥솥, 드라이기 등이 있으며, 이런 생활용품들은 수요가 많기 때문에 거래가 빨리 이루어진다. 판매 가격은 낮게 형성되는 경우가 많으니, 돈을 벌겠다는 생각보다는 다른 한국인들을 도와주면서 용돈을 번다는 정도로 생각하자.

전자제품, 자전거 등 한국사람들 외에도 통용되는 물건들은 아일랜드 중고물품 사이트를 통해서도 거래가 가능하다. 대표적인 사이트로는 'Donedeal(www.donedeal.ie)'과 'adverts(www.adverts.ie)'가 있다.

❷ 한국으로 택배 보내기

가장 기본적으로 알아야 할 사항은 한국으로 보낼 수 있는 택배의 무게 제한이 20킬로그램이라는 것이다. 따라서 무게가 이를 초과한다면 따로 택배를 보내야 한다.

보내는 방식은 일반배송과 국제특송(International Courier Service)이 있다. 일반배송은 Standard와 Registered로 나뉘는데, 둘 다 2~3주가 소요되지만 Registered가 좀 더 중요한 서류를 서명과 함께 보낼 수 있는 방식이다. 국제특송은 3~5일 정도가 소요된다. 아일랜드 우체국 사이트(http://anpost.ie)를 참고하면 더 자세한 정보를 얻을 수 있다.

다음의 표를 보고 발송비용 등을 확인하자.

일반 배송(Standard) 가격표			
50g	€ 0.90	€ 1.65	€ 3.00	€ 25.00
100g	€ 0.90	€ 1.65	€ 3.00	€ 25.00
250g		€ 3.30	€ 4.00	€ 25.00
500g		€ 4.50	€ 5.00	€ 25.00
1kg			€ 10.75	€ 25.00
1.5kg			€ 17.00	€ 30.00
2kg			€ 17.00	€ 32.00
2.5kg				€ 36.00
3kg				€ 40.00
3.5kg				€ 46.00
4kg				€ 50.00
4.5kg				€ 55.00
5kg				€ 60.00
Each Additional 1kg (max 20kg)			€ 1.00

<table>
<tr><td colspan="5" align="center">**등기 배송(Registered) 가격표**</td></tr>
<tr><td>50g</td><td>€5.17</td><td>€5.85</td><td>€7.05</td><td>€27.00</td></tr>
<tr><td>100g</td><td>€5.50</td><td>€6.25</td><td>€7.60</td><td>€30.00</td></tr>
<tr><td>250g</td><td></td><td>€7.90</td><td>€8.60</td><td>€30.00</td></tr>
<tr><td>500g</td><td></td><td>€9.10</td><td>€9.60</td><td>€30.00</td></tr>
<tr><td>1kg</td><td></td><td></td><td>€15.35</td><td>€30.00</td></tr>
<tr><td>1.5kg</td><td></td><td></td><td>€21.60</td><td>€35.00</td></tr>
<tr><td>2kg</td><td></td><td></td><td>€21.60</td><td>€37.00</td></tr>
<tr><td>2.5kg</td><td></td><td></td><td></td><td>€41.00</td></tr>
<tr><td>3kg</td><td></td><td></td><td></td><td>€45.00</td></tr>
<tr><td>3.5kg</td><td></td><td></td><td></td><td>€51.00</td></tr>
<tr><td>4kg</td><td></td><td></td><td></td><td>€55.00</td></tr>
<tr><td>4.5kg</td><td></td><td></td><td></td><td>€60.00</td></tr>
<tr><td>5kg</td><td></td><td></td><td></td><td>€65.00</td></tr>
<tr><td colspan="3" align="center">Each Additional 1kg (max 20kg)</td><td colspan="2" align="center">€1.00</td></tr>
</table>

<table>
<tr><td colspan="5" align="center">**국제 특송 가격표**</td></tr>
<tr><td>50g</td><td>€21.78</td><td>€29.77</td><td>€24.20</td><td>€27.30</td></tr>
<tr><td>100g</td><td>€21.78</td><td>€29.77</td><td>€24.20</td><td>€27.30</td></tr>
<tr><td>250g</td><td>€28.13</td><td>€34.55</td><td>€28.09</td><td>€30.77</td></tr>
<tr><td>500g</td><td>€44.94</td><td>€56.23</td><td>€45.72</td><td>€51.66</td></tr>
<tr><td>1kg</td><td>€49.15</td><td>€63.19</td><td>€51.38</td><td>€60.80</td></tr>
<tr><td>1.5kg</td><td>€53.42</td><td>€70.26</td><td>€57.12</td><td>€69.83</td></tr>
<tr><td>2kg</td><td>€57.63</td><td>€77.28</td><td>€62.83</td><td>€79.07</td></tr>
<tr><td>2.5kg</td><td>€61.75</td><td>€84.30</td><td>€68.53</td><td>€88.31</td></tr>
<tr><td>3kg</td><td>€66.01</td><td>€91.31</td><td>€74.24</td><td>€97.44</td></tr>
<tr><td>3.5kg</td><td>€70.29</td><td>€98.32</td><td>€79.94</td><td>€106.58</td></tr>
<tr><td>4kg</td><td>€74.39</td><td>€105.33</td><td>€85.64</td><td>€115.82</td></tr>
<tr><td>4.5kg</td><td>€78.67</td><td>€112.36</td><td>€91.35</td><td>€124.95</td></tr>
<tr><td>5kg</td><td>€82.72</td><td>€119.37</td><td>€97.05</td><td>€134.14</td></tr>
</table>

발송이 제한되는 품목	일반	국제	등기	등기(보험)
Cash&Coin	No	No	Yes	No
Jewellery/Precious Metals	No	No	Yes	No
Bank Drafts/Sterling Drafts	No	No	Yes	No
Passports	No	No	Yes	No
Vouchers with Monetary face value	No	No	Yes	No

기념품 사기

아일랜드 생활을 마무리하고 한국으로 돌아간 이후 가장 먼저 하게 될 일이 무엇일까? 바로 오랫동안 만나지 못했던 가족 혹은 지인들과의 만남이다. 하지만 그들을 만나러 가는 데 빈손으로 갈수는 없는

법! 고마운 사람들에게 아일랜드를 대표할 만한 기념품을 선물해보자. 뿐만 아니라 아일랜드에서 고생한 자기 자신을 위한 선물도 준비해보는 건 어떨까?

❶ 위스키

아일랜드는 위스키를 처음 만든 나라로 유명하다. 많은 종류의 술들이 있지만, 가장 유명한 것은 '제임슨(Jameson)'과 '베일리스(Baileys)'이다. 사랑하는 가족 혹은 연인과 술잔을 기울이며 밤새 아일랜드의 삶에 대해서 이야기해보자. 단체로 모이게 되는 자리에

서도 아일랜드 위스키는 좋은 기념품이 될 수 있다. 아일랜드 내의 마트에서 미리 구입한 다음에 수화물로 보낼 수도 있지만, 공항 면세점에서 사는 것도

괜찮다. 비EU권 국가로 떠나는 승객의 경우 가격이 상당히 저렴하므로 (1L 한 병에 약 20유로 내외) 한국에 돌아갈 때 구입하도록 하자. 추가적인 팁을 주자면, 더블린에 있는 제임슨팩토리에서는 자신의 이름이 새겨진 특별한 상품을 구입할 수도 있다.

❷ 기네스

'아일랜드'하면 빼놓을 수 없는 흑맥주 기네스! 면세점에서 직접 캔맥주를 구매해 갈 수 있다. 또 실제 맥주뿐 만아니라 기네스를 활용한 다양한 기념품들도 넘쳐난다. 더블린에 있는 기네스팩토리에서는 더 다양한 물품을 만나볼 수 있다는 사실! 많은 기념품 중에서도 기네스 로고가 선명하게 새겨진 파인트잔은 특히 추천하고 싶은 아이템이다. 기념품점에서 구입할 수도 있고, 펍에서 맥주를 마시고나서 직원에게 부탁하면 가져갈 수도 있다. 한국에서 기네스잔에 기네스를 따라 마시면서 아일랜드를 추억해보자.

❸ 캐롤스(CARROLL'S)

아일랜드 시티센터를 돌아다니다보면 심심치 않게 볼 수 있는 가게가 바로 아이리시 기념품 가게다. 열쇠고리, 마그네틱, 귀걸이, 목걸이, 반지 등 다양한 액세서리뿐만 아니라 모자, 옷 등의 의류까지 구비해 놓고 있다. 사실 이곳만 천천히 둘러봐도 웬만한 기념품들은 구할 수 있다.

추천해주고 싶은 품목은 맥주가 담긴 모습의 열쇠고리, 후드티와 아일
랜드 국기이다. 아일랜드 국기는 보통 아일랜드를 떠나기 전 친구들에
게 한마디씩 적어달라고 부탁하는 'Rolling Flag'로 이용할 수도 있으
니 특히 의미가 있다.

❹ 초콜릿

벨기에나 스위스만큼은 아니지만, 아일랜드 초콜릿도 굉장히 달콤하고
맛있다. 테스코나 2유로숍 등에서 볼 수 있는 아이리시 위스키가 첨가
된 초콜릿은 그중에서도 단연 독특한 맛을 자랑한다.

❺ DVD&CD

아일랜드의 아름다운 풍경을 직접 경험해봤다면 이를 아름답게 추억
하기 위해서 아일랜드를 배경으로 한 영화 DVD를 소장하는 방법이 있
다. 우리나라에 잘 알려진 아일랜드 영화인 〈원스(Once)〉, 〈P. S. I love
you〉, 〈립이어(Leap Year)〉 등의 DVD를 통해 그 분위기를 기억해보자.
영화 외에 U2, 웨스트라이프, 데미안 라이스 등 음악을 사랑하는 아일
랜드에서 배출한 뮤지션들의 앨범을 현지에서 구입하는 것도 좋다. 좀
더 독특한 기념품은 길거리에서 버스킹하던 버스커의 CD! 정말 아일
랜드에서만 구입할 수 있으면서 그 당시의 기분과 거리 풍경을 떠올리
게 하는 아이템이다.

❻ 책

오스카와일드, 제임스 조이스 등의 유명한 문학작품을 현지에서 영문
판으로 구입해보자. 중고가게에서 발견해 낸 먼지 쌓인 명작들은 그 가
치가 더 뛰어나다.

❹ 사진 및 액자

아름다운 아일랜드의 경치와 도시의 풍경을 액자에 전시해 놓은 작품들이 굉장히 많다. 한국에서 한 번씩 그곳이 그리울 때 잠시 액자를 바라보며 회상에 잠기는 건 어떨까?

❽ 디즈니 제품

우리나라에서 찾아볼 수 없는 디즈니숍도 좋은 기념품 가게가 된다. 다양한 인형과 장난감은 조카나 자녀가 있는 분들에게 좋은 선물이다.

❾ 엽서

요즘에야 클릭 한 번으로 메일 전송이 가능하고 언제 어디서나 휴대폰을 통해 메시지를 주고받을 수 있지만, 직접 손으로 쓴 편지에 비해 감동은 떨어진다. 아일랜드의 아름다운 풍경이 담긴 엽서를 아일랜드에서 사랑하는 가족 혹은 지인들에게 발송해보자.

집 비우기

이제 아일랜드에서 머물렀던 정든 집을 다른 누군가에게 넘겨주어야 할 때이다. 직접 렌트를 한 경우라면 집주인과 상의하여 계약을 종료하며, 플랫의 구성원으로 보증금을 이전 사람에게 지급하고 들어온 경우에는 자신이 다음 세입자를 구하는 것이 일반적이다. Daft(www.daft.ie) 혹은 한인 커뮤니티 사이트를 통해서 구할 수 있다. 이때 중요한 것은 플랫들의 취향에 맞는 사람을 구해야 한다는 것이다. 나는 떠나지만 남아있는 사람들을 위해 그들이 원하는 조건에 맞는 사람을 구하도록 하자. 보증금을 무사히 건네받고 집 열쇠까지 넘기게 되면 가장 큰 문제 중 하나인 숙소 정리도 끝이 난다.

은행 계좌 닫기

학생계좌의 경우에는 따로 계좌 유지비가 들지 않기 때문에 별다른 문제가 없지만, 워킹홀리데이비자의 경우 계좌 유지비가 지속적으로 차감된다. 따라서 계좌를 정지하지 않고 한국으로 돌아갈 경우 금액이 늘어나서 신용에 문제가 생길 수도 있다. 경우에 따라서 계좌가 휴면상태로 전환되기도 하지만, 보다 정확성을 기하기 위해서 세금 환급과 같은 특별한 사항이 없다면 은행계좌를 닫고 출국하는 것을 추천한다. 해당 계좌의 은행 고객센터로 찾아가서 간단한 항목을 기입하면 된다.

출국 준비하기

떠나기 전날 아일랜드에서 함께 지냈던 친구들에게 안부 인사를 전하는 것은 기본. 혹시 시간적 여유가 된다면 송별파티를 열어 함께 뜨거운 작별인사를 나누자. 지인들과 인사도 나누고 모든 준비가 완료되었다면 한국으로 떠날 채비를 할 차례이다.

가장 기본적인 비행기 티켓을 출력하고, 출발 공항 및 시간을 정확하게 파악하도록 하자. 경유지에 따라서 환승절차가 달라지는 경우가 있으니 미리 확인해두는 것도 나쁘지 않다. 아일랜드공항들은 그리 규모가 크지 않고 사람도 많지 않기 때문에 국제선이라도 하더라도 3시간 전에 가서 탑승수속을 진행할 필요까지는 없지만, 시간적 여유를 두고 공항에 도착하는 것이 좋다. 긴 비행시간을 대비한 책 또는 음악을 미리 준비해두면 비행이 좀 더 즐거울 것이다.

아일랜드를 꿈꾸는 당신에게

영표's Message   외국에서 어학연수, 일, 여행을 하기 위해 장기간 머문다는 것은 정말 환상적인 기회라고 생각할 수 있다. 더욱이 아일랜드는 아직까지 국내에 많이 알려지지 않은 곳이다. 노파심에 말하자면, 자신이 아일랜드에 가고 싶은 목표 설정을 분명히 하고 가야 한다는 것이다. 또한 아일랜드에서 얼마간 머문다고 해서 영어실력이 급상승하고 외국의 새로운 문화를 배워서 자아가 확연하게 달라질 거라는 그릇된 환상을 가지고 도전하지 않았으면 한다. 물론 개인의 노력 여하에 따라서 충분히 가능한 일임에는 분명하지만, 시간과 개인의 노력이 투자될 수 있는 양을 계산해볼 때 한계가 있을 수밖에 없다. 나의 경우 처음부터 목적은 외국인을 만났을 때 부담 없이 대화를 시도할 수 있는 수준의 의사소통 능력이었고, 다양한 국가의 구성원들이 모인 영어권 국가에서 다양한 경험을 해보는 것, 그리고 일을 하면서 번 돈으로 유럽여행을 하고 돌아오기를 희망했다. 그리고 내가 바라던 수준을 만족할 만큼 이루어내었다. 이 말을 자신의 한계를 설정하고 목표를 낮게 잡으라는 것으로 이해하면 곤란하다. 단지 제한된 시간 내에 너무 많은 욕심을 부려서 소중한 시간을 경주하며 살지 말라는 것이다. 즉, 아일랜드를 삶의 수단으로 삼지 말고, 20대 혹은 30대 청춘의 일부분을 이곳에서 보낸다는 경험만으로 남은 인생에 더 많은 것을 얻을 수 있는 소중한 기회라고 생각하라는 것이다. 그럴 마음의 준비가 되어 있다면 당신이 꿈꾸는 행복한 아일랜드 생활은 바로 눈앞에 있다!

다운's Message　　출국 전에 친구들과 가족들은 입을 모아 '여자 혼자 가는데 안 무섭니? 힘든 일 많을 텐데'라고 걱정해 줬다. 그럴 때마다 나는 씩씩하게 대답했다. "그런 거 경험하려고 가는 건데요, 뭘!" 실제로 아일랜드에서 지낸 1년 간 무시무시한 일이 많이 일어났다. 집이나 핸드폰 같은 기본적인 것부터 인맥이나 취미 등 모든 것을 바닥부터 쌓아올려야 했기 때문에 시행착오도 많았고 사건 사고도 많았다. 그래, 터놓고 이야기해서 많이 힘들고 고달팠다. 자세한 정보가 없어서 맨몸으로 부딪쳐야 할 일이 많아서 더 그랬을 것이다. 하지만 출국 전에 마음먹었던 것처럼, 애초부터 아픈 것도 경험하려고 온 것이니 이것마저도 달게 느껴진다. 실제로 아픈 경험만큼 내 스스로가 단단해진 것을 실감한다. 많은 것을 경험하고 다치고 성숙해지기를 원한다면 아일랜드행을 추천한다. (그래도 여러분이 이 책을 통해 힘든 일을 나보다는 좀 덜 겪길 바란다!)

태광's Message　　예전에는 외국에 가려면 돈이 많아야 하거나, 혹은 충분한 영어실력이 뒷받침되어야 한다, 그리고 무언가 특별한 걸 가지고 있어야 한다는 생각에 외국에 나가는 걸 엄두조차 못 냈었다. 물론 정말 아무 준비없이 나오는 건 앞날을 보장받을 수 없는 일이지만, 그래도 젊을 때 한번 무언가 해봐야 한다는 점에는 동의한다. 나는 충분한 돈도, 영어실력도 없이 아일랜드에 왔고, 역시나 모든 일이 순탄하게 풀린 것도 아니었지만, 아일랜드에 온 것을 후회하지 않는다. 힘든 일과 어려운 일보다는 좋은 일과 새로운 게 더 많았다. 영어에 대한 자극도 충분히 받았고, 시야도 넓어졌고, 내가 모르던 세상을 알게 되었다. 그야말로 세상에 한걸음 더 내딛은 기분이 든다. 가만히 앉아서 탁상공론만 하는 건 이제 지겹지 않은가? 꼭 아일랜드가 아니더라도 살면서 인생에 목표를 세우고 무언가를 해보길 권한다. 이 책을 보며 아일랜드에 가는 것을 준비한다면 아무것도 없이 가는 것보다는 훨씬 큰 도움이 될 것이다. 별로 특별하지 않은 사람들이 아일랜드에서 직접 깨지고 배우고 느끼며 얻은 생생한 정보니까 말이다.

　　아일랜드에 오기 전 꿈꾸던 아일랜드 생활이 있었다. 좋은 집에서 좋은 사람들과 함께 살면서 일도 하고 여행도 하고 영어공부도 하는 것. 지금껏 깨닫지 못했지만, 사실 나는 꿈꾸던 모든 것들을 이곳 아일랜드에서 이루었다. 모든 이들에게 아일랜드가 한국에서 꿈꾸던 아름다운 낭만의 나라는 아니겠지만, 적어도 나에게 아일랜드는 내가 꿈꾸던 모든 일들을 이룰 수 있게 해준 소중한 나라다. 공부가 목적이든 여행이 목적이든 새로운 경험이 목적이든 간에, 각자의 소중한 꿈을 안고 아일랜드로 떠날 계획을 하고 있는 여러분에게 이 책이 조금이나마 도움이 되길 희망한다.

알아두면 유용한 추가 정보들

아이리시 영어 한 토막

What's the Craic(Crack)? – 쿨하게 인사하기

젊은 친구들 사이에서 인사 대신 가볍게 던질 수 있는 말이다. '오늘 뭔일 있었냐?', '재밌는 일 있냐'라는 의미로 통한다. 'crack'의 사전적 뜻은 '갈라지다' 혹은 '무너지다'이지만, 여기서는 '재미'라는 의미로 쓰인다. 클럽을 갔다온 당신에게 아일랜드 친구가 "How was yesterday?"(어젯밤에 재미있었어?)라고 물어보면 재치있게 "It was the crack!!"(짱이었지!)이라고 대답해보자.

Howaya – 일상에서 던지는 인사말

상대방의 안부를 물을때 아일랜드 사람들은 'How are you?' 대신 'howaya'를 쓴다. 누군가가 "Howaya?"라고 인사한다면 놀라지 말고 대답하자. "I'm fine, thank ya, and ya?" 물론 기분이 안 좋은 날에는 솔직하게 "Not so good."라고 해도 된다.

Me owl flower – 아일랜드의 독특한 인사

문자 그대로 직역한 '나 올빼미 꽃'이라는 뜻이 아니다. 오래된 아일랜드 인사말로, 해석하자면 "간밤에 별 일 없었니?" 정도 되겠다. 나이가 있는 분들에게 가끔 들을 수 있다. 이런 인사를 접하게 된다면 "Hey, Me owl petal"이라고 대답해보자.

Jaisus – 깜짝 놀랐을 때 외쳐보자

무언가에 깜짝 놀랐을 때 우리가 '엄마'를 찾는 것처럼, 서양권 친구들은 예수님을 찾는다. 꼭 기독교가 아니라도 감탄사처럼 뱉는 말이다. 아일랜드 친구들은 예수를 부르는 발음도 좀 독특하다. '지저스'가 아니라 '제이져스'이다. 감탄할 일이 있거나 화날 때 외쳐보자.
"Oh, my God! Jaisus!"

Thanks a million – 백만 번의 감사

'Thanks a lot'으로는 숫자가 많이 모자랐나보다. 이 친구들은 'Thanks a million'이라고 고마움을 표현한다. 미국이나 영국인에게는 좀 어색하게 들린다고 하니, 아일랜드 친구들에게만 백만 번의 고마움을 표현하도록 하자.

Grand – 좋아, 좋아

일반적으로 'Grand'는 크기를 표현할 때 쓰이는데, 아일랜드에서는 전혀 다른 의미로도 쓰인다. 'Fine' 혹은 'Great'의 표현 대신 사용이 가능하다는 것! 누가 "Howaya?"라고 기분을 묻는다면 "I am grand."(아주 좋아)라고 응용해서 대답해보자.

Shite **– 이런 된장**

우리말로는 '젠장' 정도 되는 비속어 'Shit'가 아일랜드 식으로 변형된 표현으로, 발음은 '샤이트'에 가깝다. 길거리를 다니다보면 십대 아이들이 "Jaisus, shite!"라고 외치는 것을 심심찮게 볼 수 있다.

A whale of a time **– 고래의 시간? 시간의 고래?**

어젯밤 펍에서 신나게 놀고 온 친구가 'we had a whale of a time, haha!'라고 대답해도 어리둥절해 하지 말자. 진짜 고래와는 아무 상관도 없으니까. 누군가 이 표현을 사용하면 즐거운 시간을 보냈다는 뜻으로 이해하면 된다.

the jacks **– 펍에서 자주 듣는 표현**

같이 기네스 잔을 기울이던 친구가 'I gotta go to the jacks'이라며 자리를 박차고 일어났다? '잭이 누구지?' 어리둥절해 하며 따라 일어날 필요는 없다. 화장실 간다는 뜻이니까. 'jack'은 화장실을 부르는 아이리시만의 영어 표현이다. 이외에도 'ladies room(물론 사용자가 여자인 경우에)'나 'toilet'을 자주 쓴다. 'rest room'은 잘 사용하지 않는 표현이라고 하니 알아두자.

Donkey's year **– 당나귀의 해**

아이리시의 재미있는 영어 표현이다. 당나귀의 해가 얼마나 긴지는 아무도 모른다. 무지막지하게 오랜 기간 동안이라는 의미로 이해하면 된다. 오랜만에 만난 친구에게 이렇게 인사를 건네보자. "Dear, I haven't seen you for donkey's years!"

Wet the tea – **차를 적셔줄게**

친구가 'Take a seat, I'll go to wet the tea.'라고 한다면 차를 대접해
준다는 뜻으로 이해하면 된다. 뜨거운 물을 부어 티백을 축축하게 젖게
만드는 과정에서 나온 표현 아닐까?

Do wash – **몸이 아니라 옷을 씻긴다**

아일랜드 사람들은 세탁하는 것을 일컬을 때 'laundry'를 잘 사용하지
않는다. 대신 'wash'를 일반적으로 사용한다. 이는 비가 자주 와서 옷을
젖게 만드는 아일랜드의 날씨 때문이라고 알려져 있다.
"Jaisus, my shirt got soacked again! Gotta wash it.'

Pints of gat – **기네스 한 잔 주세요**

기네스를 주문할 때 유용하게 쓸 수 있는 표현. 'gat'는 기네스를 부르
는 아이리시들만의 별명이다. 일과를 열심히 마치고 시원한 기네스 한
잔이 당긴다면 펍으로 달려가 이렇게 주문해보자.
"Howaya, mate. give me a pint of gat, ye?"

Ossified – **곤드레 만드레**

한 잔 마신다는 것이 두 잔이 되고 세 잔이 되었다. 머리끝까지 만취
한 당신에게 아이리시 친구들이 등을 두드리며 'Gonna have another
gat, mate?'라고 한 잔 더 하라며 부추긴다. 하지만, 눈이 팽팽 돌고 집
에 가는 길이 가물가물해졌다면 자제의 시간이 왔다는 뜻이다. 이럴 땐
'Hey, I am gonna stop. Very ossified.'라고 거절해보자. 사전적 의미
로는 경직화를 의미하는 의학냄새가 폴폴 풍기는 말이지만, 아이리시
사이에서는 술냄새가 폴폴 풍기는 만취의 의미로 쓰인다.

chips와 crisps – 감자의 변신

혼동하기 쉬운 칩스와 크리스프. 아일랜드는 우리가 보통 알고 있는 칩 (감자를 얇게 썰어 튀긴 과자 같은 것)을 'crisps'라고 부른다. 그리고 프렌치후라이를 'chips'라고 부른다. 아일랜드의 대표 메뉴, 피시앤칩스에 등장하는 칩스가 바로 이 칩스다. 술안주로도 인기 많은 단골 메뉴. 기본 칩스에 소금과 식초를 뿌린 것도 맛있지만, 카레소스를 얹은 칩스는 특히 아이리시에게 인기가 많다.

i – 아이 말고 오이

강한 아일랜드 악센트를 쓰는 사람들에게 i는 '아이'가 아닌 '오이'로 발음된다. 그래서 'ice cream'은 '오이스크림', 'Ireland'는 '오일랜드', 'bike'는 '보이크'로 발음된다.

u – 어 말고 우

기본적으로 우리는 u 발음을 '어'에 가깝게 내는데, 아일랜드 사람들은 '우'에 가깝게 낸다. 그래서 'Dublin'은 '두블린'으로 발음된다. 아이리시 친구를 만나면 '이 도시 어때? 좋아?'라는 질문을 흔치않게 들을 수 있다. 아일랜드 악센트를 써서 "I like Dublin."이라고 대답해보자. 그들의 눈이 동그래지는 것을 볼 수 있다.

th – 번데기가 아니야

th발음은 기본적으로 혀끝을 앞니 사이에 끼우고 내는, 이른바 번데기 소리인데, 재미있게도 아일랜드 사람들은 th발음을 거의 t발음에 가깝게 낸다. 그래서 숫자 33은 '터티트리', 'thirsty'는 '터스티', 'think'는 '팅크'로 들린다.

Oops! My Mistake?
실수하면서 배우는 영어

Give a ride − 태워주는 게 아니야

영어학원에서 수강할 수업을 정하기 전 레벨테스트를 받기 위해 처음으로 학원에 간 날이었다. 첫날이라 학원의 위치가 어딘지 몰라서 오페어 가정 호스트 맘이 차로 학원까지 데려다 주었다. 간단한 라이팅시험을 보고는 아일랜드 출신인 강사와 함께 스피킹테스트를 했다.

스피킹테스트는 간단한 질문에 답하는 것으로 시작되었는데, 이름, 국적 등 신상에 대한 정보를 물어보고 이어서 집에서 학원까지 어떤 교통수단을 이용해 왔는지를 물어보았다. 그래서 나는 호스트 맘이 차로 데려다 줬다는 뜻으로 "My host mother gave me a ride."라고 대답했다. 그런데 내 대답을 들은 강사가 나에게 '넌 미국식 영어를 배웠구나'라며 껄껄 웃었다. 'give somebody a ride'라는 표현을 정확히 알고 있던 나는 무엇이 문제인지 몰라서 왜 그러나고 물었고, 강사는 계속 소리내어 웃으며 영국식 영어에서 'give a ride'는 'have a sex'의 의미를 가진다고 설명해주었다. 그제야 상황이 이해된 나는 그 후로는 단어 하나도 신중하게 선택해서 대답을 했고, 그날 이후로는 절대 'give a ride'

라는 표현을 쓰지 않는다. 참고로 영국식 표현으로 누가 차로 데려다주는 것은 'give somebody a lift'라고 한다는 것, 기억해두자!

Need a bag – 봉투가 필요해

아일랜드에 도착한지 한 달이 채 되지 않았을 때였다. 편의점에서 계산을 하려고 계산대에 물건들을 올려놨는데 직원이 특유의 아일랜드 억양으로 나에게 질문을 했다. "니러박?" "응?" 정말 이렇게 들렸다. 가격이 얼마라는 말을 기다리며 지갑에서 돈을 꺼낼 준비를 하고 있던 나는 귀를 의심했다. 그래서 눈을 똥그랗게 뜨고 'Sorry?'라고 물었다. 직원은 다시 한 번 '니러박?' 하고 물었다. 니러박……? 도대체 그게 무슨 말이야. 영어는 맞는지, 아니면 다른 나라 말인지 헷갈릴 정도였다. 또 다시 알 수 없는 질문에 당황한 나는 당혹한 기색이 역력한 표정으로 아무 말도 못하고 직원만 바라봤다. 그제야 내가 질문을 전혀 이해하지 못하고 있다는 걸 깨달은 그 직원은 상냥하게 웃으면서 비닐봉지를 보여줬다. 아, Bag…….

미국식 영어와 영국식 영어의 중간이라고 할 수 있는 아일랜드 영어는 'bag'을 '백'이라고 발음하지 않고 '백'과 '박' 사이로 발음한다. 게다가 'Do you need a bag?'이라고 제대로 문장을 말하는 게 아니라 'Need a bag?'이라고 짧게 줄여서 말을 하다보니 한번에 알아듣기도 어렵다. 아무리 그래도 그렇지 편의점에서 비닐봉지 필요하냐고 묻는 것도 못 알아듣다니…….

너무 부끄러워서 'No, thanks'를 외치고 한번에 들기도 힘든 물건들을 겨우겨우 양 손에 들고 편의점을 뛰쳐나왔다. 그 뒤로는 레스토랑이든 카페든 어디서든 아이리시들이 알아듣기 어려운 질문을 하면 일단 'No, thanks'부터 외치고 보는 버릇이 생겼다는 슬픈 이야기.

Noodle Sheet is shit – 한끗 차이지만 천지 차이

레바논 음식점에서 키친포터로 일을 시작한지 얼마 되지 않았을 때, 영어 발음이 익숙하지 않아 경험한 웃지못할 얘기이다. 가게의 디저트 메뉴 중에서 '누들 시트(Noodle Sheet)'라는 것이 있는데, 치즈와 약간의 소스를 '시트(Sheet)'에 말아서 기름에 튀기는 달콤한 음식이다. 키친포터는 설거지를 주로 담당하긴 하지만 디저트도 도맡아서 만든다.

굉장히 바쁜 어느 주말 저녁, 나는 처음으로 누들 시트 만드는 법을 배웠다. 주문이 들어오면 당당하게 만들어야지 하며 긴장하고 있었는데, 아니나 다를까 주문이 들어왔다. 장식까지 해가면서 정성을 다해 만들어서 보스에게 갖다주면서 말했다.

"This is shit!"

당시만 해도 'Sheet'와 'Shit'의 발음을 구분하지 못하던 때였고, 그걸 들은 보스는 네가 만든 'Noodle Sheet'가 'shit'이면 다시 만들어야지 왜 갖다주냐며 물어봤다. 이어서 아니면 나에게 'shit'라고 한 거냐며 험악한 표정을 지어 보였다. 무언가 잘못되었다는 걸 깨달았을 때는 이미 모든 셰프들과 웨이트리스들이 배꼽이 빠져라 웃고 있었다.

영어 발음에 익숙하지 못해 벌어진 해프닝이었다. 나는 '여기 시트 있어요'라고 말해야 하는 것을 '이거 거지 같아'라며 욕을 한 셈이었다. 물론 지금은 누들 시트 주문이 들어오면 귀찮은 표정으로 당당하게 말한다.

"This Noodle Sheet is SHIT!"(누들 시트 짜증나!)

Single – 그 싱글이 아니야

더블린에서 생활하면서 버스를 탈 일은 거의 없었다. 시티센터 주변에 집이 있는데다가, 웬만한 거리는 걸어다니기 때문이다. 지금까지 버스를 탄 횟수를 모두 세보아도 손가락에 꼽을 정도.

영어에 익숙하지 않고, 버스를 제대로 타보지 않았던 아일랜드 정착 초기의 일이다. 근교여행을 가기 위해 버스터미널에서 표를 끊고 있었다. 창구에 있던 여직원이 굉장히 예뻐서 설레는 마음으로 좀더 깔끔한 영어를 구사하려고 심사숙고 끝에 말했다. "Can I buy a ticket for Bray?" 그러자 대뜸 직원이 하는 말, "Single?" 응? 싱글? 약간 고민하다가 "Yes! I'm alone."이라고 대답하자 여직원은 당황스러운 표정을 지어보였다. 그 짧은 찰나에 오만가지 생각이 다 들었다. 혹시 결혼하지 않은 싱글이냐고 묻는 걸까? 버스 요금이 결혼 유무에 따라 차이가 나려나? 나아가 혹시 나에게 관심이 있어서 사적인 질문을 던지는 걸까? 지금 생각하면 말도 안 되는 공상에 빠졌었다.

더블린으로 돌아올 계획이냐는 질문을 받고서야, 'single'의 의미가 'return'에 상응하는 편도를 뜻한다는 것을 깨닫게 되었다. 미국영어에 익숙한 나는 'One way' 혹은 'Round Trip'은 알고 있었지만, 영국식인 'Single'과 'Return Trip'은 낯설게 느껴졌었던 것이다. 다음에 예쁜 직원이 이렇게 질문한다면 당당하게 대답하리라.

"Yes! I'm single, but anyway I want to buy tickets for my return trip."(네, 저 솔로예요. 하지만 티켓은 왕복표로 주세요.)

What's the story – 인사를 건네는 법

아일랜드에 처음 왔을 때 내가 아는 안부인사라고는 'How Are You?'가 전부였다. 그 후에 'How is it going?'이나 'How are you doing?' 같은 다양한 인삿말을 듣곤 했는데, 대충 눈치로 안부를 저렇게도 묻는구나 했었다. 그러던 어느날 열심히 일을 다니고 있었는데 쉐프가 갑자기 'What's the story?'라며 질문을 던졌다. 당황한 나는 대충 얼버무리고 다시 일을 했다. 근데 마주칠 때마다 그런 소리를 하니깐 나는 무슨 사정을 묻는구나 싶어서 나와 매니저와의 얘기를 해줬다. (사실 이때 매니저랑 사이가 좋지 않았다.)

그 후 쉐프가 또 똑같은 질문을 했고, 난 'I don't have any interesting story.'라며 약간 짜증을 냈다. 그런데 알고보니 그건 나름의 안부인사였다. 그 후론 그 질문을 받을 때마다 'Nothing much!'라며 대응을 하곤 하는데, 그때만 생각하면 웃음이 나오는 건 왜일까. 물론 난 아직도 'How are you?'를 즐겨 사용한다.

How are you keeping – 인사말의 세계는 넓다

카페에서 일할 때의 이야기다. 자전거를 고치는 아저씨가 있었는데, 올 때마다 나에게 카푸치노를 달라고 했다. 그 아저씨는 굉장히 딱딱하고 생소한 아이리시 악센트를 가지고 있었다. 자주 나에게 말을 걸어주셨지만 제대로 알아들은 적이 별로 없어서 웃기만 했던 기억이 난다.

어느날 또 카푸치노를 시키며 'How are you keeping?'이라고 물었다. 그런 말을 한번도 들어보지 못했던 나는 펄쩍 뛰었다. 뭘 숨기고 있냐, 라는 뜻으로 해석한 나는 흥분하며 대답했다.

"oh, I am not keeping anything!"

그랬더니 같이 일하는 동료들이 다들 깔깔 웃으며 나를 쳐다봤다. 알고 봤더니 이 말은 어떻게 잘 지내나 와 같은 의미로 쓰이는 'how are you'의 다른 표현이었다.

Butter&Jam – 같은 말, 다른 발음

식당에서 일하던 나는 어느날 아침, 스콘을 주문한 여자 손님을 받았다. 나는 그녀에게 버터와 잼을 권하기 위해 "Would you like butter or jam, please?"라고 물었다. 공교롭게도 손님은 내 말을 전혀 알아듣지 못해서 연거푸 무슨 말을 하는지 물었다. 나는 빨갛게 달아오른 얼굴로 5번 이상 같은 말을 반복해야 했다. 귀에서 김이 폭폭 솟는 것 같았다. 결국 버터를 '버러', 잼을 '주엠'이라고 발음해서야 그녀를 이해시킬 수 있었다. 그렇다, 그녀는 미국인이었다.

아이리시, 영국인, 미국인 모두 같은 영어를 쓰지만, 크게 다른 억양을 쓴다. 혹시 나와 같이 '버터' 발음하는 것에 곤혹을 겪을 일을 대비하기 위해 3가지 다른 발음을 연습하자. 예를 들어 영국인에게는 '벋어', 아이리시에게는 '브르', 미국인에게는 '버러'로 발음해야 원활한 소통이 가능하다. 정말 영어의 세계는 무궁하다.

알아두면 유용한 게일어 표현들

아일랜드 표지판들을 보면 항상 영어 외에 알 수 없는 문자가 함께 적혀있는 것을 볼 수 있다. 어떻게 보면 영어 같기도 하고 또 어떻게 보면 영어와 완전 다르게 생긴 이 언어는 바로 아일랜드의 순수 언어인 게일릭(Gaelic)이다. 영어로는 쉽게 아이리시(Irish)라고 하는 게일어는 대부분의 아일랜드 국민들은 잘 사용하지 않고 있지만, 그럼에도 학교에서 필수로 배우는 언어이기 때문에 아일랜드 사람들은 대부분 게일어를 할 줄 안다.

아일랜드 사람들도 잘 안 쓰는 언어를 우리가 알아둘 필요가 뭐가 있겠나마는 어설픈 발음으로 수줍게 건네는 게일어 인사말을 받아쳐주는 아일랜드 사람들의 그 시원시원한 웃음은 그 값어치를 분명히 한다. 아일랜드 사람들에게 좋은 인상을 심어줄 수 있는 것은 물론이고, 실제로 펍에서 만난 인상 좋은 아일랜드 아저씨에게 게일어로 말을 걸고 공짜 기네스를 얻어 마신 친구도 있다고 하니 많이 알 필요도 없이 기본적인 인사말이라도 외워보도록 하자!

Dia dhuit? (Hello?) [쥐아후히츠]

Fáilte. (Welcome.) [퐈이취에]

Conas atá tú? (How are you?) [커나스타투]

Tá mé go maith, go raibh maith agat. (I'm fine, thanks.) [타메고마 고렛마디굳]

Ní fhaca mé le fada thú. (Long time no see.) [니하카메이러파더]

Dia dhuit ar maidin. (Good morning.) [쥐아후히츠아라마취]

Oíche mhaith. (Good night.) [이호와]

Slán. (Goodbye.) [슬란]

Go n-éirí an t-ádh leat! (Good luck.) [그나리오타라잇]

Cad is ainm duit? (What's your name?) [카즈이스안이엄디치]

Is mise... (My name is...) [이스미샤]

Gabh mo leithscéal. (Excuse me.) [가브모레시게일]

Le do thoil (Please) [레도호일]

Go raibh maith agat. (Thank you.) [고레마하것]

Tá fáilte romhat. (You're welcome.) [타퐈이취에로헤츠]

Tá brón orm. (I'm sorry.) [타브로나름]

Sláinte. (Cheers!) [슬라인따]

더 많은 게일어 표현들을 배우고 싶다면 아래 웹사이트에서 무료로 게일어를 배울 수 있다. 또 위의 표현들도 아이리시 원어민의 발음으로 들을 수 있으니 정확한 게일어 발음이 궁금하다면 참고하기 바란다.

http://www.omniglot.com/language/phrases/irish.php
http://www.bitesizeirishgaelic.com/

비에 관한 표현이 풍부한 아일랜드

자주 비가 내리는 아일랜드. 그래서 아이리시는 비에 관한 풍부한 표현을 많이 가지고 있다. 단순히 'Rain'만 알고 있었다면 오늘부로 좀 더 풍부한 표현을 익혀보도록 하자. 아일랜드에서 비를 만날 때마다 적재적소에 맞는 표현을 써볼 수 있다.

Torrential rain-앞이 보이지 않을 정도로 무거운 억수같은 폭우.

Lashing rain-채찍질하는 비. 폭풍을 동반해서 사선으로 내리는 강한 비.

Sheets of rain-좁은 범위에서 마구 쏟아지는 호우. 거리를 두고 보면 커튼처럼 보인다.

Heavens opened-하늘에 구멍난 듯 쏟아져내리는 갑작스러운 비.

Bucketing rain-바가지로 끼얹는 듯한 비로, 옷이 금방 흠뻑 젖을 것 같은 강한 비.

Pissing rain-오줌싸는 비라는 뜻으로, 바람을 크게 동반하지 않지만 줄기가 굵고 강한 비.

Wet rain-젖은 비. 가벼운 정도이지만, 오래 맞고 서 있으면 옷과 머리가 젖는 비.

Sun shower-해님 샤워. 햇빛이 비치는 와중에 내리는 여우비. 무지개를 보기에 최적이다.

Dry rain-마른 비. 옷이나 머리가 젖지 않는 가벼운 안개같은 비.

Soft day-부드러운 날. 보슬보슬 안개같은 비가 내리고 구름이 낀 전형적인 아일랜드의 날씨이다.

Grand soft day-매우 부드러운 날. 가볍게 보슬비가 내리는 습한 날. 오랫동안 습하고 보슬비가 내릴 것 같다면 "Grand soft day, thanks god"이라고 해보자. 실제로 많은 아이리시가 이런 날씨가 다가올 때 이런 말을 한다.

아래는 빗방울의 크기와 비의 양에 따라 아이리시 표현을 분류한 재미있는 그래프이므로 참고해 보자.(출처 : http://sliabh.net)

아일랜드를 빛낸 사람들

아일랜드와 한국은 역사와 국민성에서 닮은 점이 많다. 주변의 강대국 으로부터 오랜 기간 지배를 받아왔다는 점, 한 나라 안에서 남과 북으로 나뉘어 끊임없이 분쟁이 일어나고 있다는 점, 그런 힘든 환경에 맞서 싸우는 투쟁과 저항정신 속에서 문학, 음악 등 문화가 꽃피었다는 점까지 아일랜드는 알면 알수록 알게 모르게 한국과 닮은 점이 참 많은 나라다. 아일랜드 사람들은 자국에 대한 자긍심은 물론 아일랜드 출신 인물들에 대한 애정도 각별하니, 아일랜드 유명인들에 대한 기본적인 정보는 필수로 알아두는 것이 좋다.

위대한 작가들

아일랜드의 문화를 논할 때 빼 놓을 수 없는 것이 바로 문학. 더블린에 있는 유명한 다리들이 아일랜드 작가들의 이름을 따서 지어졌을 만큼 아일랜드 사람들의 무한한 자랑인 아일랜드의 위대한 작가들을 만나보자.

❶ 제임스 조이스

더블린의 메인 스트리트인 오코넬스트리트에 있는 스파이어에서 탈보
트스트리트를 바라보면 지팡이를 손에 들고 여유롭게 서있는 한 남자
의 동상을 볼 수 있다. 딱히 특별할 것 없어 보이는 이 동상 주변은 항상
사진을 찍는 사람들로 붐비는데, 동상의 주인공이 바로 20세기 문학의
거장으로 불리는 제임스 조이스다.

아일랜드를 대표하는 작가라고 해도 과언이 아닌 제임스 조이스는 사
실 생전에는 아일랜드와 끊임없는 불화를 겪은 작가이다. 1914년,《더
블린 사람들》을 출간하면서 책에 등장하는 실존 인물들로부터 많은 소
송 제기와 삭제 요구를 받았다. 자신의 문학을 알아주지 않는 조국에
대한 실망감, 소송에 대한 두려움으로 조이스는 그 해 아일랜드를 떠나
다시는 아일랜드로 돌아오지 않았다. 조이스의 대표작으로는 더블린 3
부작이라고 불리는《더블린 사람들》,《젊은 예술가의 초상》,《율리시
스》가 있는데, 이 책들에서 조이스는 당시 더블린과 더블린에 사는 사
람들의 모습을 매우 사실적으로 묘사했다고 평가받는다.

❷ 버나드 쇼

영국에서 대부분의 생을 보내고 작품 활동을 한 탓에 흔히 영국의 극작
가로 알려진 조지 버나드 쇼는 아일랜드 국적을 가진 어엿한 아일랜드
작가다. 젊은 시절에는 소설가, 비평가로 활동하다가 1992년 첫 희곡
《홀아비의 집》을 발표하면서 극작가로서의 길을 걷게 되었다. 20세기
셰익스피어 이후 최고의 극작가로 평가받는 버나드 쇼는 1903년에 발
표한《인간과 초인》으로 세계적인 극작가로 명성을 얻었다.

한국에서는 그의 소설이나 극작품보다는 그가 남긴 명언들이 더 유명
한데, '나는 젊었을 때 10번 시도하면 9번 실패했다. 그래서 10번씩 시

도했다', '꿈꾸지 않는 자에게는 절망도 없다' 등의 명언이 있으며, 그의 재치 있는 묘비명 'I knew if I stayed around long enough, something like this would happen.(오래 살다보면 이런 일(죽음)이 생길 줄 알았지.)' 역시 매우 유명하다. 쇼의 대표작으로는 《무기와 사람》, 《시저와 클레오파트라》, 《인간과 초인》, 《바버라 소령》, 《피그말리온》 등이 있다.

❸ 오스카 와일드

뛰어난 극작가이자 달변가, 패션 리더임과 동시에 동성애 옹호자이기도 했던 오스카 와일드는 분명 아일랜드의 유명인사 중 가장 스캔들이 많은 작가이다. 오스카 와일드는 19세기 영국과 아일랜드는 물론 미국에까지 이름이 알려질 정도로 유명했다고 한다. 강연을 위해 미국에 입국할 당시 세관에서 '내가 신고할 것은 나의 천재성 밖에 없다'고 말한 일화는 그가 얼마나 거침없는 사람이었는지를 잘 보여준다. 1895년, 두 아이를 둔 한 가정의 가장이었음에도 옥스퍼드대학교의 젊은 미소년 알프레드 더글라스와 사랑에 빠져 풍기문란죄로 2년 노동형을 선고받고 영국에서 강제추방당한 '퀸즈베리 사건' 역시 유명한 일화이다. 그후 더글라스를 쫓아 프랑스로 건너갔지만 더글라스로부터 외면 받고 파리에서 남은 생을 보내다가 병에 걸려 생을 마감했다. 와일드의 대표작으로는 우리나라에서도 많이 알려진 동화 《행복한 왕자》와 《도리언 그레이의 초상》 등이 있다.

아일랜드는 노벨 문학상 수상자를 4명이나 배출했는데, 여기에는 조지 버나드 쇼를 포함해 시인 윌리엄 버틀러 예이츠(William Butler Yeats), 셰이머스 히니(Seamus Heaney), 희곡 《고도를 기다리며》로 유명한 사무엘 베케트(Samuel Beckett)가 있다.

최고의 뮤지션들

제임스 조이스, 버나드 쇼 등이 낯설고 고전소설을 읽는 게 조금은 부담된다면 아이리시 음악을 들어보는 것을 추천한다. 아일랜드 가수라고 하면 영화 〈원스〉에서 기타를 매고 그라프튼스트리트에서 노래를 부르는 글렌 한사드의 모습이 가장 먼저 떠오르겠지만, 아일랜드는 세계적인 록밴드 U2를 비롯해 크랜베리스(The Cranberries), 웨스트라이프(Westlife), 데미안 라이스(Damien Rice) 등 유명 가수들을 많이 배출했다. 이름은 낯설지만 노래를 들으면 '아, 이 노래!'라고 소리치게 되는 아일랜드 가수들을 지금부터 알아보자.

❶ U2

1976년 더블린에서 결성된 록밴드. 그룹의 리더이자 보컬인 보노(Bono), 디 에지(The Edge), 래리 멀렌 주니어(Larry Mullen, Jr.), 아담 클레이톤(Adam Clayton)가 멤버다.

드러머 래리 멀렌이 10대 시절 고등학교 게시판에 함께 밴드를 결성할 멤버를 구한다는 글을 올리고 나머지 멤버들이 이 글을 보고 하나둘 모이면서 이 위대한 밴드가 탄생했다. 1980년 데뷔 앨범 〈Boy〉를 시작으로 〈October〉(1981), 〈War〉(1983), 〈The Jushua Tree〉(1987) 등을 잇따라 발표하며 세계적인 밴드가 되었다. 그래미상을 22번이나 수상하고 영국의 음악잡지 〈롤링스톤〉이 선정한 '역사상 가장 위대한 아티스트 100인'에서 22위에 오를 만큼 U2는 아일랜드가 배출한 많은 아티스트들 중 역대 최고의 아티스트이다.

이들의 음악은 주로 사회문제나 정치를 비판하는 곡들이 많고, 보노 스스로 사회운동, 자선활동에 많이 참여하고 있어 U2는 음악계뿐만 아니라 사회 전반적으로도 많은 영향을 끼치는 밴드이다. 특히 아프리카 구호활동에 적극적으로 활동하고 있는 보노는 노벨평화상 후보에 오르기도 했다. 대표곡으로는 'With Or Without You', 'One', 'I Still Haven't Found What I'm Looking For', 'Beautiful Day' 등이 있다.

❷ The Cranberries

1990년 리머릭에서 결성된 록밴드로 보컬인 돌로레스 오리어던(Dolores O.), 드러머 퍼갤 로울러(Fergal Lawler), 기타리스트 노엘 호건(Noel Hogan), 베이시스트 마이크 호건(Mike Hogan)이 멤버다. 흔히 얼터너티브 록밴드로 알려져 있으나 이들의 음악은 인디팝, 포스트펑크, 아이리시 전통음악 등 다양한 장르도 아우르고 있다.

1989년 닐 퀸(Niall Quinn)을 보컬로 한 'The Cranberry Saw Us'라는 이름으로 활동하다가 닐 퀸이 탈퇴한 뒤 그 자리를 돌로레스 오리어던으로 채우며 지금의 'The Cranberries'라는 이름으로 바꾸었다.

1993년, 데뷔 앨범 〈Everybody Else Is Doing It, So Why Can't We?〉를 발표했으나 처음에는 별 주목을 받지 못하다가 영국 록밴드 스웨이드(Suede)의 라이브투어에 참여하게 되면서 세계적으로 이름을 알리게 되었다. 이듬해인 1994년에는 UK 차트 1위에 오르는 쾌거를 이뤘고, 그 후로도 7백만 장이 넘는 앨범을 팔아치우며 승승장구했다. 밴드는 2004년에 보컬 돌로레스가 솔로로 전향하며 잠시 해체되었다가 2009년에 다시 재결합하여 아직까지 함께 활동 중이다.

대표곡으로는 국내 오락 프로그램의 배경음악에 등장하면서 유명해진 'Ode To My Family' 외에 'Zombie', 'Dreams', 'Linger' 등이 있다.

❸ 웨스트라이프

1998년에 결성된 5인조 팝그룹 웨스트라이프는 2004년에 탈퇴한 브라이언 맥패든(Brian McFadden)을 포함해 마크 필리(Mark Feehily), 키언 이건(Kian Egan), 셰인 필런(Shane Filan), 니키 번(Nicky Byrne)으로 이루어져 있다. 셰인, 마크, 키언은 1997년부터 이미 6인조 밴드 IOU에서 활동하며 인기를 얻어가고 있었는데, 유명 밴드 보이존(Boyzone)의 매니저 루이 월시(Louis Walsh)가 이 셋의 재능을 알아보면서 오디션을 통해 니키와 브라이언을 캐스팅해 현재의 5인조 웨스트라이프를 탄생시켰다. 셰인, 마크, 키언이 아일랜드 서부 출신이라서 원래는 웨스트사이드(Westside)라는 이름으로 활동하려 했지만 미국에 웨스트사이드라는 가수가 있는 것을 알고 웨스트라이프로 이름을 변경하였다. 반듯한 외모에 감미로운 목소리로 아일랜드와 영국 십대 소녀들의 우상으로 떠오른 웨스트라이프는 앨범을 내는 족족 UK 차트 1위를 차지하며 유럽 최고의 팝 그룹이 되었다. 현재까지 웨스트라이프는 전 세계적으로 4천 5백만 장이 넘는 앨범을 팔았고, 14년간의 활동기간 동안 UK TOP 10 싱글 차트에 26번 올랐다. 팝송을 잘 모르는 한국인들에게도 웨스트라이프의 'My Love'는 비틀즈의 'Let It Be' 다음으로 익숙한 노래이지 않을까 싶다. 대표곡으로는 머라이어 캐리와 함께 부르며 유명해진 'Against The Odds'를 포함, 'My Love', 'Uptown Girl', 'Flying Without Wings', 'You Raise Me Up' 등이 있다.

❹ 그 밖의 아일랜드 가수들과 대표곡

글렌 한사드(Glen Hansard)-Falling Slowly, If You Want Me

보이존(Boyzone)-No Matter What, Words, Picture of You

더 코어즈(The Corrs)-What Can I Do, Summer Sunshine

데미안 라이스(Damean Rice)-The Blower's Daughter, 9 Crimes, Cannonball

집에서 쉽게 만드는 아이리시 요리

아이리시 음식은 참 소박하지만 나름대로 매력이 넘친다. 집에서 쉽게 해 먹을 수 있는 대표적인 아이리시 요리 3가지를 꼽아 소개한다.

감자 팬케이크(Boxty/Griddle Cakes)

아일랜드 사람들은 감자를 무척이나 사랑한다. 맛있는 감자에 대한 아이리시의 자부심은 하늘을 찌를 정도. Boxty/Griddle Cakes는 한국의 감자전과 모양과 맛이 유사하다.

재료

생감자 1/2개, 삶고 으깬 감자 1/2개, 밀가루 1/2컵, 우유 1/2컵, 계란 1개, 다진 양파, 소금과 후추

1. 생감자를 갈고 으깬 감자와 잘 섞는다.

2. 1에 밀가루와 양파를 넣고 소금과 후추로 간을 한다.

3. 2에 계란을 깨 넣고 우유를 넣어 점도를 너무 되지 않게 조절한다.

4. 잘 달군 팬에 오일을 두르고 3을 올린 후 앞뒤로 잘 익힌다.

완성된 요리는 사과 소스(사과를 잘게 다져 시나몬과 설탕을 넣고 졸인 것)
에 찍어 먹는다. 계란 후라이, 베이컨, 굴튀김, 소시지, 블랙 푸딩, 빵과
함께 접시에 내어 먹기도 한다.

아이리시 브랙퍼스트(Irish breakfast)

아일랜드 레스토랑에서 아침에 쉽게 찾아볼 수 있는 메뉴. 만드는 과정
이 매우 간단하고 쉬운데다가 언제 어디서든 쉽게 구할 수 있는 재료들
로 만드는 음식이므로 집에서도 도전 가능하다.

재료

베이컨 8장, 소시지 4개, 블랙 푸딩 4개, 화이트 푸딩 4개, 계란, 토마토

1. 베이컨을 팬에 굽는다.

2. 소시지, 블랙 푸딩, 화이트 푸딩도 팬에 잘 굽는다.

3. 아직 달궈진 뜨거운 팬에 계란프라이를 만든다.

(위의 모든 재료는 굽거나 튀기는 대신 삶는 것으로 대신해도 된다.)

4. 토마토를 얇게 썰어 준비된 재료와 함께 그릇에 담아 먹는다.

기본 재료 외에 토마토소스에 저민 콩 통조림을 함께 내어 먹기도 한다.
아이리시 브랙퍼스트의 베이컨은 절대 바짝 익히지 않는다. 윤기가 돌
고 촉촉하게 구워내는 것이 아이리시 방식이므로 참고하도록 하자.

스튜(Irish Stew)

비가 오는 날씨에는 모락모락 김이 오르는 따뜻한 국물 음식이 최고.
비가 자주 오는 나라답게 대표적인 음식으로 '스튜'를 꼽을 수 있다. 맛

있는 아이리시 감자와 고기를 넣어 향기롭게 끓인 스튜를 집에서 만들어 먹어보자. 비에 몸이 젖은 날 샤워를 마치고 따뜻한 스튜를 한 그릇 하면 몸이 따뜻해지는 것을 느낄 수 있다.

재료

양고기 8덩이, 감자 1~2개, 채썬 양배추 1/4통, 채썬 양파 1개, 조각 낸 샐러리 1대, 완두콩 1/2컵, 채썬 파(leek), 다진 파슬리, 허브류(파슬리, 월계수잎, 통후추, 타임, 로즈마리 등), 식용유

1. 조각낸 고기를 소금과 후추로 간을 한다.
2. 넓은 냄비에 기름을 두르고 1의 고기를 넣어 골고루 익힌다. 지방은 수저로 덜어낸 뒤, 모든 고기 조각이 잠기도록 물을 충분히 넣는다.
3. 물이 끓기 시작하면 허브류를 넣고 면 행주 따위로 냄비를 덮는다. (면은 없으면 생략 가능)
4. 고기가 어느 정도 익으면 불을 줄이고 졸인다.
5. 완두콩을 제외한 나머지 재료를 넣는다.
6. 20분 동안 졸인 후 완두콩을 넣는다. 농도에 따라 물을 더 넣는다.
7. 감자가 다 익으면 신선한 파슬리를 위에 올려 완성한다.
 레시피가 복잡해 보이긴 해도 고기를 익힌 후 물과 재료를 넣고 끓여내기만 하면 되는 간단한 요리이다. 전통적인 방식은 양고기를 쓰는 것이나, 요즘에는 쇠고기를 대신 넣어 먹기도 한다. 양고기가 부담스럽다면 쇠고기로 도전해보자.

아일랜드의 술에 퐁당 빠져보자

음악을 좋아하고 술을 좋아하기로 소문난 아일랜드 사람들. 술을 너무 좋아한 나머지 유럽 사이에서도 애주가의 나라로 소문이 자자하다. 따라서 이 나라의 문화를 즐기려면 술도 어느 정도 즐길 줄 알아야 한다는 이야기! 잘 알아야 남보다 더 잘 즐길 수 있지 않을까? 아일랜드의 술 문화에 흠뻑 빠질 수 있도록(?) 아이리시 술의 특징과 주관적인 맛을 종합해 소개해본다.

맥주

아일랜드를 대표하는 맥주는 물론 기네스이지만, 아일랜드의 맥주가 기네스만 있는 것은 아니다. 이외에도 긴 역사와 독특한 풍미를 자랑하는 여러 맥주들이 있으니 다양한 맛을 즐겨보자.

❶ 기네스(Guinness)

독특하고 부드러운 향으로 세계인의 입맛을 사로잡은 기네스. 아일랜드에 대한 정보가 많이 없는 사람들도 기네스는 잘 알고 있을 정도. 실제로 기네스는 아이리시의 1위 브랜드로 꼽히는 '마스코트'이기도 하다.

흑맥주 스타우트(Stout)인 기네스를 가장 잘 마시는 방법은 한번 따른 후 거품과 맥주가 분리되는 시간을 기다렸다가 마시는 것이다. 그래야 완벽한 기네스를 즐길 수 있다. 거품을 먼저 낼름 먹어버리지 않도록 하자. 생크림처럼 부드러운 거품은 맥주의 맛을 보존해주는 중요한 역할을 한다. 최적의 온도는 5~8도. 또한 기네스 캔을 먹다 보면 캔 속의 하얀 볼을 찾을 수 있는데, '위젯볼'이라고 한다. 질소가 충전되어 있으며, 기네스의 생명인 크리미한 거품이 생성되게 해주는 중요한 녀석이다.

그냥 마셔도 맛있지만 크랜베리 시럽을 넣으면 색다른 매력의 기네스를 만날 수 있으니 도전해보도록! 기존 맥주와 다른 맛에 당황할 수도 있지만, 익숙해지면 다소 묵직한 맛과 벨벳 같은 독특한 질감을 점점 매력으로 느끼게 된다. 남성미 넘치는 질감에 뒤이어 구수한 보리 향을 즐겨보자.

더블린 시내 한복판에 기네스 양조장이 있는데, 이 양조장은 조금씩 개조를 통해 기네스 스토어하우스로 개관되었고 더블린 유명 관광명소로 꼽힌다.

❷ 불머스(Bulmers)

아일랜드에서 흔하게 볼 수 있는 불머스는 처음에는 영국의 불머스 브랜드와 합쳐서 경영을 하다가 아일랜드에서의 독자적 권리를 확보하게 되었다. 그래서 지금은 아일랜드 사람들이 사랑하는 대표적인 사이더(cider) 음료로 알려져 있다. 기본 맛은 사과맛이며 배나 베리 종류도 있다.

처음 먹었을 때는 부정적인 반응을 보이는 사람들이 대부분이지만 점점 중독되는 맛이 불머스의 매력이다. 알싸한 맛이 달달한 사과 향과 함께 감도는 맛은 말로 형용하기 어려운 맛이다.

많은 사람들이 말하길 생맥주보다는 병맥주가 더 맛있다고 한다. 병맥주를 시킬 때 바텐더가 '얼음잔 필요해?'라고 물을 때가 있다. 부끄러워 말고 'Yes'를 외치자. 청량하고 시원한 정통 사이더의 맛을 느낄 수 있을 것이다.

❸ 스미딕스(Smithiwick's)

300년의 역사를 자랑하는 스미딕스는 아일랜드의 대표적인 에일 맥주이다. 유일하게 맥주부문을 시상하는 몽드셀렉션(Monde Selection)에서 7번에 걸쳐 골드메달을 수상할 정도로 좋은 품질과 맛을 가지고 있다. 흑맥주의 쌉쌀한 맛과 라거의 청량감이 혼합되어 있는 독특한 맛을 느낄 수 있다. 부드러운 목 넘김이 대표적인 특징으로 꼽힌다. 다른 맥주에 비해 탄산이 약한 편이기 때문에 자극적인 맛을 좋아하지 않는다면 시도해볼 가치가 있다.

위스키

기네스와 더불어 품질 좋은 위스키로 유명한 아일랜드. 대표적으로 제임슨(Jameson)이 널리 알려져 있지만, 사실 부쉬밀(Bushmils), 파워(Power), 탈라모어 듀(Tullamore Dew) 등 다른 유명한 브랜드도 많다. 단독으로도 마셔도 충분히 훌륭한 술이지만, 요리에도 쓰이고 과일 주스와 혼합해서 먹어도 매력 있는 모던한 아이리시 위스키에 대해 알아보도록 하자.

❶ 제임슨(Jameson)

아일랜드에서는 '제임슨'보다는 '제머슨'이라는 말로 읽는 사람들이 많다. 230년 전통의 제머슨은 총 3번의 증류를 거쳐 만들어지는데,

이것이 다른 나라 위스키와 구별되는 큰 특징이라고 한다. 그 이유 때문인지 40도에 달하는 데도 불구하고 특유의 부드러움과 독특한 풍미를 가지고 있다.

더블린에 있는 'Old Jameson Distillery'에 가면 양조과정과 제머슨의 역사에 대해 자세하게 설명을 들어볼 수 있다. 또한 제머슨을 더 맛있게 즐기는 방법을 몇 가지 소개한다. 먼저 '제머슨 진저(Jameson Ginger)'이다. 글라스에 얼음을 채운 후 제머슨과 진저에일(Ginger Ale)을 1:3의 비율로 섞은 후 잘 저어주고 라임 슬라이스를 띄우면 제머슨 진저 칵테일을 맛볼 수 있다.

다음으로 추천할 칵테일은 제머슨 핑크필름(Jamson Pinkfilm)이다. 글라스에 얼음을 채운 후 제머슨과 석류주스를 1:3 비율로 섞고 잘 저어준 후 라임 슬라이스를 얹은 것으로, 상큼한 제머슨을 맛볼 수 있다.

아일랜드의 호스텔

아일랜드의 숙박업은 다른 유럽 관광지에 비해 크게 발달한 편이 아니다. 매년 3월 17일날 열리는 성패트릭의 날 축제 때는 미리 예약하지 않으면 숙소가 전혀 없을 만큼 많은 관광객이 아일랜드를 찾기 때문에 이 시즌에는 미리 예약을 해놓는 것이 필수. 아일랜드의 대표적인 숙박업소의 위치와 특징을 정리해보았으니, 숙박 예약 사이트를 참고해서 적당한 숙소를 구해보자.

www.hostel.com
www.hostelworld.com
www.hostelbookers.com

더블린

❶ Generator Hostel

유럽에 8개의 체인점을 가지고 있는 호스텔 브랜드로 젊은 세대를 겨냥한 감각적인 인테리어와 깔끔한 시설이 특징이다. 낮에는 카페, 밤에는 펍으로 운영하는 라운지가 있어 친구들 사귀기에도 안성맞춤.

조식 없음 | 와이파이 사용 가능 | **위치** 시티센터와의 거리 약 1Km, 1분 거리에 Smithfield Luas Station | **주소** Smithfield Square, Dublin, Ireland Dublin 7 | **전화** (01) 901-0222

❷ Isaacs Hostel

한인들 사이에 꽤나 알려진 호스텔. 주방이 있어서 음식을 해먹을 수 있다. 버스터미널과 가깝다. 밤마다 다양한 이벤트도 준비되어 있다.

조식 제공 | 와이파이 사용 가능 | **위치** 시티와 가까운 버스터미널 근처 | **주소** 2-5 Frenchmans Lane, Dublin 1, Dublin, Ireland D1 | **전화** (01) 855-6215

❸ Abigails Hostel

무난한 스타일의 호스텔로 리피 강변에 위치해 있다. 가격에 조식이 포함되어 있으며 깔끔하고 무난한 서비스로 묵기 괜찮은 곳이다.

조식 제공 | 와이파이 사용 가능 | **위치** 템플바와 시티와 모두 가까운 거리 | **주소** 7/9 Aston Quay, Dublin, Ireland 2 | **전화** (01) 677-9300

❹ Abrham House

저렴한 숙박료 대비 깔끔한 시설과 무료 와이파이, 조식 제공으로 인기가 있는 곳. 센터의 중앙인 오코넬스트리트에서 걸어서 2분.

조식 제공 | 와이파이 사용 가능 | **위치** 오코넬스트리트 근처 | **주소** 82-83 Lower Gardiner Street, Dublin, Ireland Dublin 1| **전화** (01) 855-0600

골웨이

❶ Kinlay Hostel

더블린에도 체인이 있으며 저렴한 가격 센터와 가까운 위치, 저렴한 투어로 인기 있는 호스텔이다. 단체 여행객이 많이 오는 편이고, 밤에는 식당이 펍으로 변해서 신나는 분위기다. 주방시설도 깔끔하다.

조식 제공 | 와이파이 사용 가능 | **위치** 골웨이 시티 내 | **주소** Eyre Square, Galway, Ireland N/A | **전화** (091) 565-244

❷ Sleepzone Galway city hostel

시티와의 가까운 거리와 친절한 스텝 서비스와 깔끔한 주방과 샤워시설, 합리적인 가격으로 인기가 있는 곳이다.

조식 제공 | 와이파이 사용 가능 | **위치** 골웨이 시티 내 | **주소** Bothar na mBan, Galway, Ireland | **전화** (091) 566-999

❸ Snoozles hostel

저렴한 가격과 직원들의 친절한 서비스, 터미널과 코치스테이션 근처에 위치한 고객들의 만족도가 높은 호스텔이다.

조식 제공 | 와이파이 사용 가능 | **위치** 버스터미널 바로 옆 | **주소** Forster St, Galway, Ireland | **전화** (091) 530-064

코크

❷ Sheila's Tourist Hostel

버스 터미널, 기차역, 시티센터와 5분 거리에 있어 접근성이 정말 좋은 호스텔. 조식은 제공되지 않지만 주방시설이 잘 되어 있다. 젊은 여행객들이 많아서 마음만 먹는다면 함께 코크를 여행할 친구를 사귈 수도 있다. 인상 좋고 친절한 아이리시 직원들은 덤!

조식 없음 | 와이파이 사용 가능 | **위치** 기차역에서 5분 거리 | **주소** 4 Belgrave Place, Wellington Road, Cork | **전화** (021) 450-5562

❷ Kinlay Hostel

조식이 포함되어 있음에도 숙박비가 매우 저렴하고 시티센터와 가깝다. 기차역이나 버스 터미널 등에서 멀지만 바로 옆에 코크의 관광명소 중 하나인 샨던 종이 있어서 항상 많은 여행객들로 붐빈다. 다소 소박한 외부와 다르게 알록달록한 포스터, 액자 등으로 꾸며진 모던한 호스텔 인테리어가 매력적이다.

조식 제공 | 와이파이 사용 가능 | **위치** 리 강 근처 | **주소** Bob and joan's Walk, Cork | **전화** (021) 450-8966

아일랜드의 펍

아일랜드는 펍을 빼놓고 설명이 불가능한 나라이다. 아일랜드에서 '펍'이라는 곳은 술집이라는 개념을 넘어 친구들과 어울려 놀고 새로운 사람을 만나는 '사회생활의 장'이다. 펍마다 고유의 분위기를 가지고 있고, 그 펍을 자주 가는 사람들에게서도 그들만의 특유의 느낌을 풍긴다. 아일랜드 안에서 어느 펍에 들어가도 맛있는 술과 독특한 분위기를 즐길 수 있지만, 친절한 가이드라인이 필요한 독자들을 위해 아일랜드 주요 도시 내에 있는 펍을 특별히 엄선해 보았다.

더블린

❶ Temple bar

거리 이름이자 펍 이름이기도 한 템플바는 더블린의 상징이기도 하다. 주류가 일반 펍보다 1.5배 비싸지만, 원조라는 명성에 많은 손님들이 찾는다. (사진만 찍고 가는 관광객들도 꽤 많다) 라이브 공연으로도 잘 알려져 있으며, 작은 외부에 비해 내부가 넓은 편이다.

주소 47-48 Temple Bar Dublin 2 | **전화** (01) 672-5286

❷ Dicey's Garden

보통은 4~6유로인 맥주를 일주일에 한두 번씩 특별행사로 모든 맥주를 2유로~2.5유로에 저렴하게 판매하고 있다. 내외부에 큰 라운지를 가지고 있어 행사를 하는 날이면 발 디딜 틈이 없을 정도다. 술을 싸게 마시고 싶다면 친구들과 함께 다이시스로! 하지만 진정한 아이리시 펍의 분위기를 느끼기는 조금 힘들다.

주소 21-25 Harcourt St Dublin 2 | **전화** (01) 478-4841

❸ O'reilly's Pub

아일랜드 사람들이 많이 모이는 곳을 추천해 달라고 할 때 이곳을 알려줄 가능성이 크다. 언제나 사람이 바글바글한 곳이니까. 요즘에는 외국인들에게도 많이 알려져서 평일이나 주말 상관없이 많은 외국인과 현지인들을 볼 수 있다. 모든 생맥주를 3.5유로에 팔고 있어서 저렴한 펍으로 알려져 있기도 하다. 이 펍에서는 저렴한 가격으로 윙이나 튀김 같은 맛있는 안주를 판다. 저녁을 건너뛴 탓에 출출하다면 안주를 시켜서 맥주와 함께 곁들여서 먹어보자.

주소 2 Poolbeg St Dublin 2 | **전화** (01) 671-6769

❹ The Bernard Shaw

아일랜드 문학가인 조지 버나드 쇼의 이름을 딴 펍이다. 더블린의 젊은이라면 모르는 이가 없다는 인기 있는 곳으로, 시티센터와 거리가 꽤 있어 접근성이 떨어지지만 저녁마다 사람들이 북적북적하다. 안으로 들어서면 넓은 가든과 폭스바겐 버스로 인테리어한 공간이 있다. 이곳에는 특히 피자가 맛있기로 유명하다.

주소 11-12 Richmond St S, Dublin 2 | **전화** (085) 712-8342

❺ Brazen head

1198년부터 지금까지 운영을 하고 있는 이 펍은 공식적으로 더블린에서 제일 오래된 펍 중 하나이다. 그것만으로도 방문할 가치는 충분하지만 음식과 분위기 또한 훌륭하다.

❻ Porter house

포터하우스 사(The Porterhouse Brewing co.)에서 운영하는 펍으로 더블린에만 3개의 매장을 운영하고 있다. 위클로(Wicklow)와 코크, 런던, 뉴욕에도 지점이 있는데, 자신들만의 방법으로 맥주를 직접 만들어서 팔고 있다. 다양한 맛의 맥주가 있고 맛도 좋다. 요일마다 맥주를 지정해서 그날의 맥주를 4유로에 맛볼 수 있다.
라이브밴드 공연이 잦은 편이므로 저녁에 간다면 맥주와 음악을 함께 즐길 수 있다.

❼ CILL AIRNE

더블린 리피 강을 따라 산책을 즐기다보면 거대한 배가 항상 정박해 있는 것을 볼 수 있다. 깔끔한 드레스코드까지 맞추고 입장해야 하는 이곳은 바로 선상 레스토랑&펍! 하지만 분위기에 가격이 부담스럽지 않을까 겁먹을 필요는 없다. 기네스 한 잔에 5유로로, 템플바보다 오히려 싼 수준이다. 좋은 장소에서 좋은 사람들과 분위기 있게 한 잔 하고 싶을 때 추천하고 싶은 장소.

골웨이

❶ Tig coili

다양한 연령대의 사람들을 모두 만날 수 있는 이 펍은 특히 아이랜드
전통음악을 듣고 싶은 사람들에게 추천한다. 많은 가이드들과 숙박업
소에서 추천하는 곳이다.

주소 Mainguard St, Galway | 전화 (091) 561-294

❷ The quays

〈Trip Advisor〉에도 소개된 이 펍은 좋은 분위기로도 유명하지만 음식
으로도 유명하다. 맛있는 음식으로 혀를 호강시키고 싶다면 한번 찾아
가보자. 이곳의 대표적으로 유명한 메뉴는 피시앤칩스와 스튜. 맛있는 음
식과 함께 맥주 한잔을 들이킨다면 행복한 시간을 보낼 수 있을 것이다.

주소 11 Quay St, Galwayy | 전화 (091) 568-347

코크

❶ The Pavillion, Carey's Lane

코크에 있는 가장 유명한 펍 중 하나로 1층은 공연장, 지하는 펍이다.
매주 라이브 밴드와 DJ들이 공연을 하기 때문에 항상 사람들로 북적거
린다. 웹사이트에서 그날의 공연과 이벤트 등을 확인할 수 있다.

주소 Huguenot Quarter, Carey's Ln, Cork City | 전화 (021) 427-6230 |
www.pavilioncork.com

❷ Long Island

코크에 있는 인기 있는 칵테일바로 금요일에는 일 끝나고 단체로 술을
마시는 사람들로 넘쳐난다. 생일파티의 장소로 이용되기도 한다.

주소 11 Washington St, Cork | 전화 (021) 427-3252

❷ Oliver Plunkett

더블린에 템플바 거리가 있다면 코크에는 올리버 플렁켓 거리가 있다. 펍 이름이기도 한 올리버 플렁켓은 단연 코크의 대표적인 아이리쉬 펍이다. 매일 라이브 음악이 있고 음악 장르도 록부터 재즈, 블루스 등 다양하니 코크에 가게 된다면 꼭 한 번 들려보자.

주소 116 Oliver Plunkett Street, Cork ｜ **전화** (021) 422 2779

❷ Sin E

코크 시티 센터 중앙에서 멀찌감치 떨어져 있어 진정한 코크코니안(Corkonian:뉴요커, 파리지앵 처럼 코크 사람들을 뜻하는 말)들만 안다는 이 펍은 코크에서 가장 오래된 펍 중 하나이기도 하다. 비교적 아담한 사이즈의 이 펍에서는 구석에 있는 테이블에 연주자들이 술 마시러 온 손님처럼 맥주를 앞에 두고 앉아서 연주를 하는 진풍경을 볼 수 있다. 2층에는 펍 주인이 모은 다양한 그림과 사진들을 구경할 수도 있으니 낮에는 2층에서 그림들을 보며 술을 마시고 저녁에는 1층으로 내려와 아이리쉬 전통 음악을 바로 눈 앞에서 감상해보자.

주소 8 Coburg Street, Cork ｜ **전화** (021) 4502266

❷ Old Oak

아이리쉬 전통 음악도, 라이브 밴드도 다 좋지만 익숙한 클럽 음악에 몸을 좀 흔들고 싶다면 올드 오크로 가자. 바(bar)가 총 세 곳이나 있을 만큼 널찍한 이 펍에서는 안쪽에서 조용히 친구와 술을 마실 수도 있다. 가격도 다른 펍들에 비해 싼 편이라 학생들이 특히 자주 찾는 펍이라고 하니 코크의 젊은이들을 만나고 싶다면 올드 오크로 가자.

주소 113 Oliver Plunkett Street, Cork ｜ **전화** (021) 427 6165

라이브밴드 애창곡

노래방에 가면 누구나 한 번씩은 꼭 부르는 노래들이 있다. 이른바 애창곡이다. 이처럼 아이리시 펍에서도 라이브밴드들이 공연을 하면 어떤 밴드든지 꼭 부르는 노래들이 있는데, 아일랜드, 영국 팝을 즐겨 듣는 유럽 사람들에 비해 우리나라 사람들에게는 모르는 곡이 대다수이다. 유럽 친구들과 라이브 음악이 있는 펍에 갔을 때 친구들은 다 신나게 노래를 따라 부르는데 나만 무슨 노래인지 몰라서 입만 뻥긋뻥긋하고 있다면 펍의 진정한 분위기를 만끽하지 못할 것이다. 그러니 이들 라이브밴드들이 즐겨 부르는 애창곡 몇 곡 정도는 숙지하고 가야 아이리시 펍을 제대로 즐길 수 있다.

템플바 여기저기서 같은 곡을 최소 5번은 듣게 된다는 일명 아일랜드의 '국민 노래'들을 아일랜드 펍 전문가의 도움을 받아 정리했으니, 지금 당장 이 노래들을 최소 10번씩은 들을 것!

Steve Earle-The Galway Girl
The Dubliners-Molly Malone

Kings Of Leon-Sex on Fire, Use Somebody

Oasis-Wonderwall

U2-With or Without You, Vertigo

Ed Sheeran-The A Team

Mumford&Sons-Little Lion Man

The Beatles-Come Together, Hey Jude

Ben E. King-Stand By Me

Bob Marley&The Wailers-No Woman No Cry

The Rolling Stones-(I Can't Get No) Satisfaction

Tom Harder-Rolling on the River

Jeff Buckley-Hallelujah

아일랜드 생활에 유용한 앱

구글맵(Google Map)

오코넬스트리트, 파넬스트리트, 그라프튼스트리트 등 낯설고 어려운 이름들, 한 골목을 지나면 또 다른 골목이 나타나는 복잡한 아일랜드의 거리에서는 길을 잃기가 무척이나 쉽다. 이럴 때 길 찾기는 물론 실시간 버스, 기차 정보까지 알려주는 구글맵은 국제 미아가 되지 않게 도와줄 지도이자 나침반, 그리고 가이드이다. 아일랜드에 도착해서 가장 먼저 다운 받아야 할, 생활에 있어 절대적으로 필요한 앱이다!

리얼타임 아일랜드(Real Time Ireland)

어느 도시에 있든 어떤 교통수단을 이용하든 이 '리얼타임 아일랜드' 앱만 있다면 내가 원하는 교통수단의 운행상황을 실시간으로 체크할 수 있다. 버스의 경우 내가 원하는 정류장에 도착하면 알람이 울리도록 설정할 수 있는 기능도 있으니 피곤하다면 알람을 맞춰놓고 마음 편하게 눈을 붙여도 좋다.

헤일로(Hailo)

더블린 시내를 돌아다니면 곳곳에 줄지어선 택시들을 심심치 않게 볼 수 있다. 하지만 꼭 필요할 땐 없는 게 바로 택시다. 이럴 때 당신에게 필요한 앱이 바로 헤일로! 헤일로는 이미 전세계적으로 널리 사용되고 있는 콜택시 앱으로, 앱을 실행하면 내 주변에 있는 택시들이 지도상에 표시되면서 'Pick Me Up Here'라는 노란 버튼을 누르기만 하면 나에게서 가장 가까운 택시가 내가 있는 곳으로 온다. 그 흔한 로그인도 없이 앱을 실행하기만 하면 되니 택시가 급하게 필요할 때 정말 유용한 앱!

스포티파이(Spotify)

음악을 듣고 싶은데 무료 MP3 다운로드 앱을 사용하자니 음질이 안 좋고 유료 앱을 사용하자니 비용이 부담된다면 스포티파이를 추천한다. 중간중간 10초 가량의 광고를 들어야 하긴 하지만, 무료 앱인 만큼 그 정도는 감수하자. 처음 7일간은 프리미엄 서비스(광고 없이 무제한으로 음악 감상과 다운로드 가능)를 무료 제공받을 수 있고, 그 후에는 직불카드(혹은 신용카드) 정보를 등록하는 조건으로 30일 동안 무료로 프리미엄 서비스를 제공받을 수도 있다. 단, 30일이 지나면 등록한 카드에서 자동으로 요금이 나가니 30일 이전에 해지하는 것을 잊지 말도록!

왓츠앱(WhatsApp)

한국에 카카오톡이 있다면 아일랜드에는 왓츠앱이 있다. 무료 개인, 그룹 채팅은 물론 사진 전송, 음성 메시지 전송 등 카카오톡과 거의 유사하므로 사용하는 데 별로 어려움도 없다. 아일랜드에 사는 외국인 친구들은 대부분 페이스북 메신저나 이 왓츠앱을 사용하므로 친구들을 사귀기 전 왓츠앱부터 다운로드 받는 센스를 발휘하자.

RTE 플레이어(RTE Player)

RTE는 아일랜드 국영방송국으로 RTE 플레이어 앱이 있으면 RTE 채널 프로그램들을 무료로 시청할 수 있다. 실시간 TV는 물론이고, 4일 전에 방송된 프로그램까지 무료로 볼 수 있으므로 심심하거나 TV를 보면서 영어공부가 하고 싶을 때 정말 유용한 앱이다. 특히 RTE One 채널에서 하는 드라마를 보면 배우들의 독특한 아이리시 억양을 제대로 들을 수 있는데, 우리가 보통 즐겨보는 미드나 영드에 나오는 배우들의 영어와 비교해보는 재미가 쏠쏠하다.

다프트(Daft)

아일랜드 정착 시기에 필수가 될 어플리케이션. 아일랜드의 대표적인 부동산 매물 사이트 다프트(Daft)에서 나온 어플이다. 셰어 방을 구하거나 전세를 구하는 등 다양한 범위의 부동산 상품을 접해볼 수 있다. 내가 원하는 구역과 가격을 세팅해놓고 검색할 수 있으므로 굉장히 편리하다. 매물 위치를 확인할 수 있는 지도 기능이 있으니 유용하게 사용하도록 하자.

수시로 매물을 확인하기가 어려운 환경이라면 알람 설정을 이용해 내가 찾는 정보를 메일로 받아보는 방법도 좋다.

기네스(Guinness)

아일랜드를 대표하는 맥주, 기네스 앱을 깔아보자. 단순히 어플을 설치하기만 해도 연계된 펍에서 무료 파인트 한 잔을 마실 수 있는 혜택이 주어진다! 그외에도 생일이나 비가 내리는 날 등 특별한 이벤트를 통해서도 무료 기네스가 제공되기도 하니까, 기네스를 좋아한다면 필수적으로 깔아야할 어플! 참고적으로 이 어플은 18세 이상만 이용가능하다.

아일랜드 생활에 유용한 사이트

저자 블로그

구영표, 꿈꾸는블로구 http://blog.naver.com/newyume

정다운, JQ http://minamhyde.blog.me

유태광, Halo Aqua http://blog.naver.com/bluesea99

박수정, 미수정 http://blog.naver.com/myjsp

공공기관

주한아일랜드대사관 http://www.embassyofireland.or.kr

주아일랜드 대한민국대사관 http://irl.mofa.go.kr/korean

아일랜드 시민정보 http://www.citizensinformation.ie

아일랜드 우체국 http://www.anpost.ie

아일랜드 세금 http://www.revenue.ie

아일랜드 공영방송 http://www.rte.ie

아일랜드 경찰 http://www.garda.ie

아일랜드 복지 http://www.welfare.ie

교통정보

종합 교통정보 http://www.transportforireland.ie

더블린도니골 http://www.loganair.co.uk

더블린케리 http://www.aerarann.com

아일랜드 국내도시 버스 http://www.buseireann.ie

아일랜드 국내도시 버스 http://www.jjkavanagh.ie

아일랜드 주요도시 고속버스 http://citylink.ie

아일랜드 철도, 다트 http://www.irishrail.ie

더블린 시내 전철 http://www.luas.ie

더블린 근교버스 http://www.dublinbus.ie

통신사

3 http://www.three.ie

Vodafone http://www.vodafone.ie

Meteor http://www.meteor.ie

O2 http://www.o2online.ie

은행

AIB Bank http://www.aib.ie

Bank Of Ireland http://www.bankofireland.com

Ulster Bank http://www.ulsterbank.ie

Permanentt tsb http://www.permanenttsb.ie

부동산

Datf http://www.daft.ie

Property http://www.property.ie

My Home http://www.myhome.ie

Rent http://www.rent.ie

쇼핑

IKEA http://www.ikea.com/ie

TESCO http://www.tesco.ie

LIDL http://www.lidl.ie

ALDI http://www.aldi.ie

Super Valu http://supervalu.ie

Londis http://www.londis.ie

아일랜드 기념품 http://www.carrollsirishgifts.com

일자리

Jobs http://www.jobs.ie

Gumtree http://www.gumtree.ie

FAS http://www.fas.ie

Aupair World http://www.aupairworld.net

Aupair Ireland http://www.aupairireland.com

친목모임&동호회

언어교환 http://www.conversationexchange.com

언어교환 http://www.sharedtalk.com

아일랜드 동호회 http://www.meetup.com

아일랜드 자원봉사 http://www.volunteerlouth.ie

여행 정보

여행 종합안내 http://www.ireland.com

축제 http://festivals.ie

축제, 여행 http://www.discoverireland.ie

더블린 http://www.dublin.ie

코크 http://www.cork.ie

골웨이 http://www.galway.ie

호스텔 http://www.hostels.com

호스텔 http://www.hostelworld.com

물품거래 http://www.hostelbookers.com

중고물품 http://www.donedeal.ie

중고물품 http://www.adverts.ie

아일랜드 대학교

Trinity College Dublin http://www.tcd.ie

Dublin City University http://www.dcu.ie

University College Dublin http://www.ucd.ie

University College Cork http://www.ucc.ie

National University of Ireland, Galway http://www.nuigalway.ie

한인 커뮤니티

아일랜드 한인회 http://homepy.korean.net/~ireland/www

아일랜드 유학생 모임 http://www.ayumo.com

드림즈인 아일랜드 http://cafe.daum.net/dreamsinireland

아일랜드 전도

Coleraine
Letterkenny
Londonderry
DONEGAL
LONDONDERRY
ANTRIM
Ballynena
Larne
Strabane
Carrickfergus
Donegal
TYRONE
Cookstown
Antrim
Omagh
Dungannon
Belfast
Ballyshannon
Portadown
Lisburn
Lurgan
Enniskillen
Armagh
DOWN
FERMANAGH
Monaghan
ARMAGH
Sligo
MONAGHAN
Newry
SLIGO
Ballina
LEITRIM
Dundalk
MAYO
Cavan
CAVAN
LOUTH
Castlebar
Carrick-on-Shannon
Ardee
Westport
ROSCOMMON
LONGFORD
Drogheda
Longford
Navan
Roscommon
MEATH
Tuam
Mullingar
WESTMEATH
GALWAY
Athlone
DUBLIN
Galway
Ballinasloe
Maynooth
Edenderry
KILDARE
Dublin
Dun Laoghaire
Loughrea
Tullamore
OFFALY
Bray
Portarlington
Naas
Birr
Kildare
Portlaoise
Wicklow
Roscarea
LAOIS
Athy
WICKLOW
Nenagh
Carlow
Arklow
CLARE
Ennis
Shannon
CARLOW
Kilrush
Limerick
Thurles
Kilkenny
Listowel
LIMERICK
TIPPERARY
KILKENNY
WEXFORD
Newcastle West
Tipperary
Enniscorthy
Tralee
Clonmel
Carrick-on-suir
New Ross
Mitchelstown
Wexford
Waterford
KERRY
Mallow
WATERFORD
Rosslare
Harbour
Killarney
Tramore
CORK
Youghal
Dungarvan
Kenmare
Midleton
Cork
Cobh
Bantry
Skibbereen

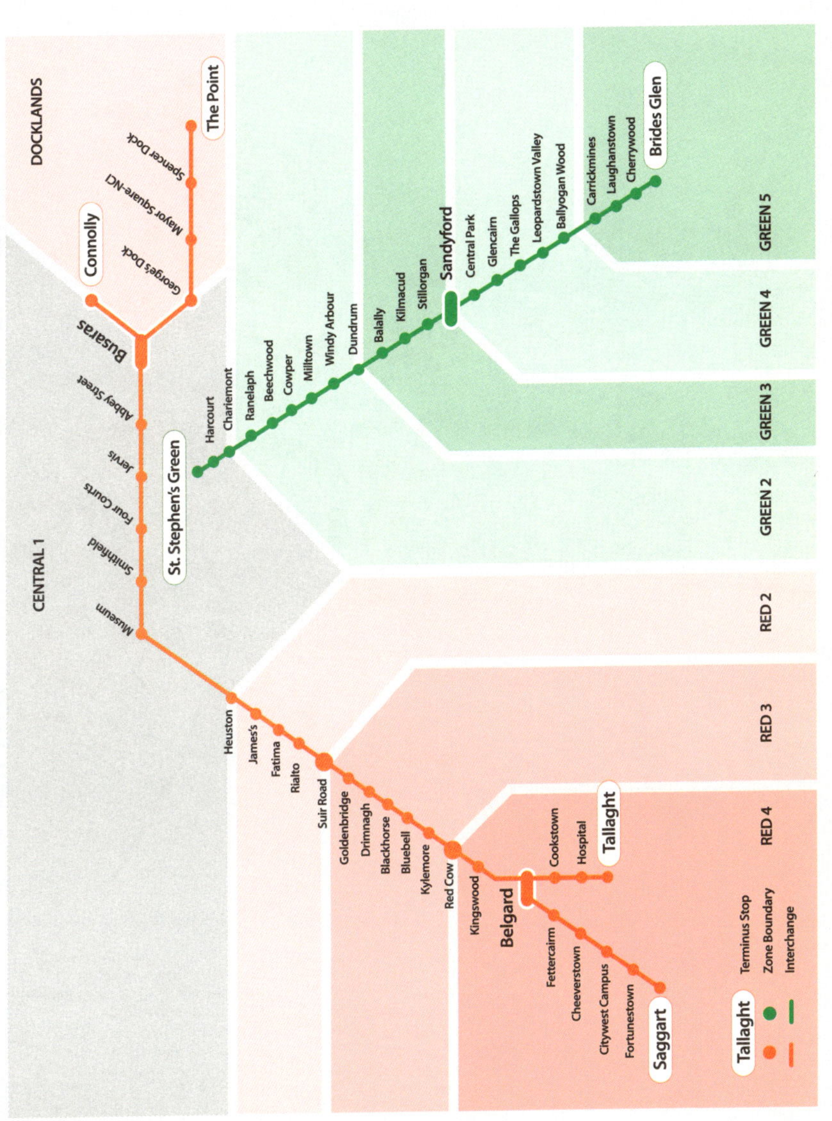
더블린 Luas
DOCKLANDS
CENTRAL 1
The Point
Spencer Dock
Mayor Square-NCI
Georges Dock
Connolly
Busáras
Abbey Street
Jervis
Four Courts
Smithfield
Museum
St. Stephen's Green
Harcourt
Charlemont
Ranelaph
Beechwood
Cowper
Milltown
Windy Arbour
Dundrum
Balally
Kilmacud
Stillorgan
Sandyford
Central Park
Glencairn
The Gallops
Leopardstown Valley
Ballyogan Wood
Carrickmines
Laughanstown
Cherrywood
Brides Glen
GREEN 5
GREEN 4
GREEN 3
GREEN 2
RED 2
RED 3
RED 4
Heuston
James's
Fatima
Rialto
Suir Road
Goldenbridge
Drimnagh
Blackhorse
Bluebell
Kylemore
Red Cow
Kingswood
Belgard
Cookstown
Hospital
Tallaght
Fettercairn
Cheeverstown
Citywest Campus
Fortunestown
Saggart
Tallaght
Terminus Stop
Zone Boundary
Interchange

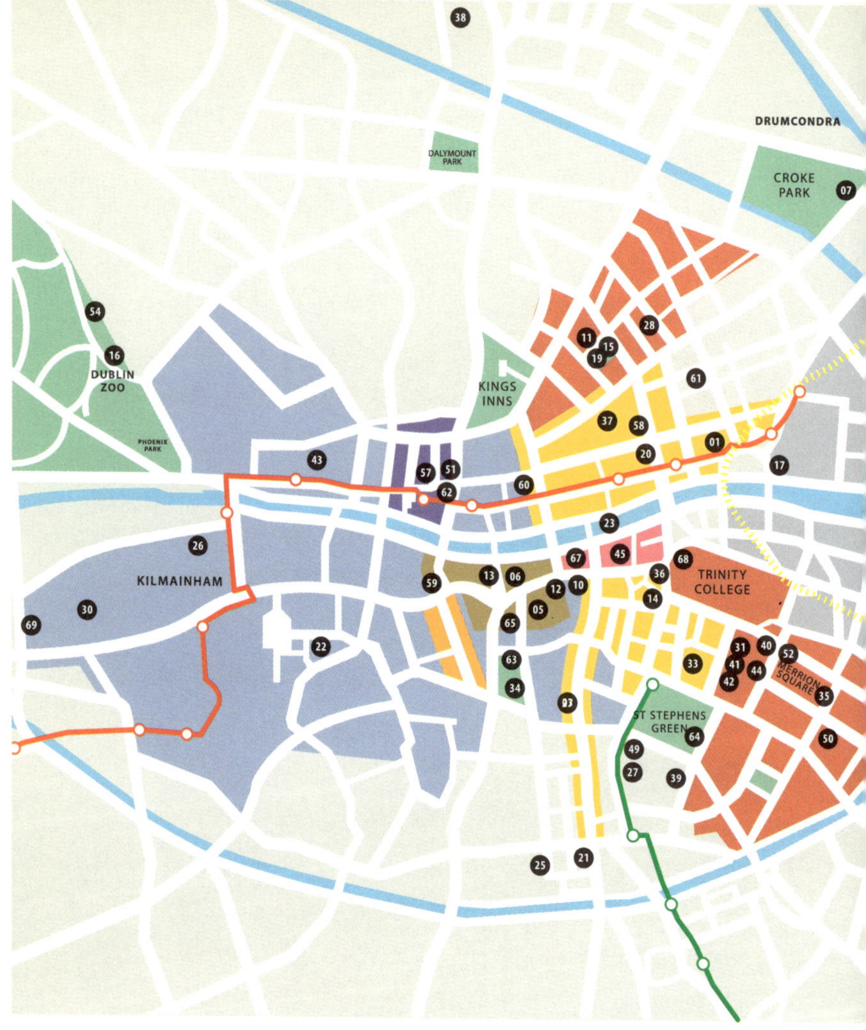

laces of Interest

The Abbey Theatre (C2)

Ardgillan Castle (Dublin Region)

Carmelite Church Whitefriar Street (B3)

The Casino, Marino (Dublin Region)

Chester Beatty Library (B2)

Christ Church Cathedral (B2)

Croke Park Experience (C1)

Dalkey Castle & Heritage Centre (Dublin Region)

Drimnagh Castle (Dublin Region)

Dublin Castle (B2)

Dublin City Gallery The Hugh Lane (B2)

Dublin City Hall The Story of the Capital (B2)

13 Dublinia and the Viking World (B2)

14 Dublin Tourism Centre (B2)

15 Dublin Writers Museum (B2)

16 Dublin Zoo (A2)

17 Famine Memorial (C2)

18 The Fry Model Railway (Dublin Region)

19 Garden of Remembrance (B2)

20 General Post Office (B2)

21 George Bernard Shaw Birthplace (B3)

22 Guinness Storehouse (A2)

23 Ha'penny Bridge (B2)

24 Imaginosity (Dublin Region)

25 Irish Jewish Museum (B3)

26 Irish Museum of Modern Art (A2)

27 The Iveagh Gardens (B3)

28 The James Joyce Centre (B1)

29 The James Joyce Museum (Dublin Region)

30 Kilmainham Gaol (A2)

31 Leinster House (C2)

32 Malahide Castle (Dublin Region)

33 Mansion House (C2)

34 Marsh's Library (B3)

35 Merrion Square (C3)

36 Molly Malone Statue (C2)

37 Moore Street (B2)

38 National Botanic Gardens (B1)

39 National Concert Hall (C3)

40 National Gallery of Ireland (C2)

41 National Library of Ireland (C2)

42 National Museum of Ireland – Archaeology & History (C3)

43 National Museum of Ireland –

Luas Red Line
Luas Green Line

Temple Bar
Shopping
Viking & Medieval
Georgian Dublin
Antiques Quarter
Smithfield
Historical Dublin
Docklands
Suburban areas

Decorative Arts (A2)
44 National Museum of Ireland – Natural History (C2)
45 National Photographic Archive (B2)
46 National Print Museum (C3)
47 National Transport Museum (Dublin Region)
48 Newbridge House & Farm (Dublin Region)
49 Newman House (B3)
50 Number Twenty Nine - Georgian House Museum (C3)
51 The Old Jameson Distillery (B2)
52 Oscar Wilde House (C2)
53 Pearse Museum (Dublin Region)
54 Phoenix Park Visitor Centre (A1)
55 Rathfarnham Castle (Dublin Region)
56 Skerries Mills (Dublin Region)
57 Smithfield (B2)
58 Spire (B2)
59 St. Audoen's Church (B2)
60 St. Mary's Abbey (B2)
61 St. Mary's Pro Cathedral (C2)
62 St. Michan's Church (B2)
63 St. Patrick's Cathedral (B2)
64 St. Stephen's Green (C3)
65 Tailor's Hall (B2)
66 Tara's Palace (Dublin Region)
67 Temple Bar Cultural Information Centre (B2)
68 Trinity College (C2)
69 War Memorial Gardens (A2)

Special Thanks to…

영표   사랑하는 우리 가족, 멀리서 항상 응원해준 정희, 농경 선후배 및 07들, 창원 중앙고 IU, 검은박쥐 6중대, 예쁜 보현과 명진 커플, 닮고 싶은 동길 형, 워킹 마스터 한야 누나, 함께 땀 흘리며 농구했던 준수 형, 원섭, 홍열, 영성, 형민, 이웃사촌 미옥, 미선, 유정, 소영이 누나, 친동생 삼고 싶은 지윤이, 세입자 유민, 물개박수 슬미, E-Sports 심판 형진 형, PD 용민, 병문안 와준 지혜 누나, Best Irish friend Paul, Crazy flat mates Konstantin, Renan, Luan, Takashi, Camilo, Miguel and Julio, Bitches Aneta & Nico, Beirut Express Chefs.

다운   사랑하는 가족, All my butler's collages-My lovely boss Aga, Lynn, My polish mommy Ewa, My dear Zdenka who saved my life, Sexy Zuzana, Amazing girl Laura, Purple lady Hubert, Kati, Tomaz, Leonore, 영원히 감사할 하나 언니, Sexy Latina Andrea, Dance teacher Rosa, Lovely mystic Aysenur, 두부피부 은주 언니, 여행 마니아 한울이, 다크엔젤 윤희, 멀리서 힘 쏴준 Jason, 마론인형 다영이, 초반 생활에 큰 힘이 되어준 Lala 언니, 취미 공감 은혜, 너무 감사한 동생 지연이, 친정식구 같은 친구들 - 애림이, 다민이, 혜정 언니, 현아, 아림이.

수정　　　내가 아일랜드까지 올 수 있도록 도와주신 많은 분들, 항상 응원
해주지는 않았지만 속으로는 응원했을 거라고 믿는 영어학부 술 또라이들,
아일랜드에서 정말 좋은 추억 만들 수 있게 해준 Stephen, Katie, Idoia, 태
희, 지연, 효정, 은정, 다혜 언니, 유상 오빠, Oisin, The BEST roommate
Suzi, Crazy people at Beirut Express Alex, Maro, All the Chefs,
Victor, My babe Aneta&Nico(Bitch), 마지막으로 내 인생에 있어 항상 힘
이 되어주는 너무 고맙고 사랑하는 우리 가족들.

태광　　　이 책이 나온다고 상상도 하지 않았었는데 일단은 이 책이 나올
수 있도록 적극적으로 이끌어준 나머지 저자 다운, 영표, 수정에게 고마움을
전하고 싶다. 생활을 하며 힘든 일도 많았지만, 생각해보면 다 좋은 추억이
었고 다시는 얻지 못할 소중한 기억이다. 같이 살며 다음에도 꼭 보자고 매
일같이 말하고 정말 친하게 지냈던 Alice와 Vlad, 그리고 묵묵히 나를 응원
해준 가족과 친구들에게 진심으로 고맙다. 나에게 정말 소중한 추억으로 남
은 아일랜드에게 마지막으로 고마움을 표하며.

2014년 8월

10분 전까지 비가 내리다가 해가 쨍쨍한 아일랜드에서

구영표 정다운 박수정 유태광

아일랜드 워킹홀리데이

1판 1쇄 발행 2014년 9월 25일
1판 2쇄 발행 2016년 3월 21일

지은이 · 구영표 정다운 유태광 박수정
펴낸이 · 주연선

책임편집 · 오가진
편집 · 이진희 심하은 백다흠 강건모 이경란 윤이든 강승현
디자인 · 이승욱 김서영 권예진
마케팅 · 장병수 김한밀 정재은 김진영
관리 · 김두만 유효정 신민영

(주)은행나무

04035 서울특별시 마포구 양화로11길 54
전화 · 02)3143-0651~3 ㅣ 팩스 · 02)3143-0654
신고번호 · 제 1997-000168호(1997. 12. 12)
www.ehbook.co.kr
ehbook@ehbook.co.kr

잘못된 책은 바꿔드립니다.

ISBN 978-89-5660-798-6 13980